W0332753

Wolfgang Hölker (Hg.) & Christine Sommer-Guist

Mach mit!

85 Tipps für eine bessere Umwelt

Dieses Buch gehört:

Alle Tipps und Informationen in diesem Buch
sind sorgfältig ausgewählt und geprüft.
Dennoch können weder Urheber noch Verlag
eine Garantie übernehmen. Eine Haftung für Personen-,
Sach- und Vermögensschäden ist ausgeschlossen.

Ein herzliches Dankeschön an
Ingo Haltermann, Diplom-Geograf,
Katrin Mildenberger, Diplom-Landschaftsökologin,
Judith Pflipsen, Wirtschaftsgeografin und Politikwissenschaftlerin,
Daniel Vosloh, Diplom-Biologe,
für die fachliche Beratung.

Tolle Extras zum Downloaden findest du unter:
www.coppenrath.de/mach-mit

Mix
Produktgruppe aus vorbildlich bewirtschafteten Wäldern und anderen kontrollierten Herkünften
www.fsc.org Zert.-Nr. SGS-COC-001425
© 1996 Forest Stewardship Council

5 4 3 2 1 14 13 12 11 10

ISBN 978-3-8157-9722-8

© 2010 Coppenrath Verlag GmbH & Co. KG, 48155 Münster
Text: Christine Sommer-Guist
Illustrationen: Thorsten Saleina
Redaktion: Britta Kudla
Alle Rechte vorbehalten, auch auszugsweise
Printed in Germany
Dieses Buch wurde auf FSC-Papier gedruckt.
www.coppenrath.de

Wolfgang Hölker (Hg.) & Christine Sommer-Guist

Mach mit!

85 Tipps für eine bessere Umwelt

Mit Illustrationen von Thorsten Saleina

COPPENRATH

Die Welt verbessern – aber wie?

„Klimawandel“, „Globalisierung“, „Erneuerbare Energien“, „Treibhauseffekt“– das sind nur einige der komplizierten Wörter, die ihr hört, wenn eure Eltern sich über die Umwelt unterhalten oder wenn ihr Nachrichten schaut. Doch was ist damit eigentlich gemeint?

Immer wieder hören wir, dass es unserer Erde gar nicht gut geht. Viele Tiere und Pflanzen sind vom Aussterben bedroht, Menschen in anderen Ländern hungern, Kriege werden geführt, das Klima unserer Erde ändert sich. Das alles hört sich an, als sei es so schrecklich, dass ein Kind sowieso nichts dagegen tun kann. Doch das stimmt nicht!

Dieses Buch erklärt euch, wie es unserer Erde geht, was mit den komplizierten Wörtern aus den Nachrichten gemeint ist, und vor allem zeigt es euch, wie ihr Schritt für Schritt die Welt verbessern könnt. Jede Menge clevere Tipps und Mitmach-Ideen warten auf den nächsten Seiten auf euch!

Und nun heißt es: Ärmel aufkrempeln und loslegen!
Viel Spaß dabei wünschen euch

Wolfgang Hölker, der Herausgeber dieses Buches,
und der Verein „Children for a better world“

Inhalt

Eine kleine Geschichte unserer großen Welt

Es war einmal – so beginnen die besten Geschichten. Auch die Geschichte unserer Erde hat einen guten Anfang: Sie beginnt mit einem großen Rätsel. Wie und woraus entstand sie? Was wir wissen, ist, dass das Weltall uralt ist. In ihm explodierten Sterne und bildeten riesige Staubwolken. In einer gab es zu unserem unermesslichen Glück Stoffe, aus denen die Gesteine und die Lufthülle entstehen konnten – darunter Wasserstoff, Sauerstoff, Stickstoff, Kohlenstoff, Eisen oder auch Silizium, Schwefel und Uran.

Warum sich diese in der Wolke tanzenden Elemente vor über vier Milliarden Jahren zusammensetzten, sodass unsere Welt entstehen konnte, wissen wir nicht genau. Was wir aber wissen, ist, dass es vor 300 Millionen Jahren auf der Erde einen riesigen Kontinent gab: Pangäa. Er brauchte mehr als 100 Millionen Jahre, um auseinanderzubrechen, und noch zwei Mal so viel, um sich in die Kontinente zu entwickeln, wie wir sie heute kennen: Antarktis, Australien, (Nord- und Süd-)Amerika, Afrika, Europa und Asien. Damit ist aber noch lange nicht Schluss. Selbst in diesem Moment verändert sich die Welt. Die Kontinente bewegen sich, langsam, aber unaufhörlich. Sie schwimmen auf dem heißen und dadurch flüssigen Gestein im Inneren der Erde und tragen Europa jedes Jahr zwei Zentimeter weiter weg von Amerika.

Ohne diese Veränderungen wäre unsere Welt nicht so, wie wir sie brauchen. Sie machten aus der Staubwolke einen Planeten, auf dem Leben möglich wurde. Wie allerdings die ersten Lebewesen auf die Welt kamen, weiß niemand. Aber die Winzlinge, klitzekleine Bakterien, wuchsen und gediehen. Sie fingen im Meer die Energie des Sonnenlichts ein und nutzten sie als Nahrung. Vor mehr als zwei Milliarden Jahren entwickelten sich aus ihnen die ersten Pflanzen. Diese ernährten sich vor allem von Wasserstoff und Kohlendioxid und schieden dabei Sauerstoff aus. Das veränderte die Welt

wieder. Nicht von heute auf morgen, sondern in vielen Millionen Jahren entstand die Luft, die wir zum Atmen brauchen. Die winzigen Wesen, die sie machten, konnten sie nicht vertragen und starben.

Das war damals eines der ersten großen Artensterben auf diesem Planeten. Ihm folgten weitere – das der Dinosaurier zum Beispiel. Unsere Zeit ist leider auch davon bestimmt. Wir Menschen verändern die Welt so sehr, dass immer mehr Arten, Tiere und Pflanzen keinen Platz mehr zum Leben haben. Sie sterben aus. Was das für die Welt bedeutet, weiß man nicht immer genau. Aber es lohnt sich, für das Überleben aller Erdenbewohner zu kämpfen.

Hier seht ihr, wie unsere Welt entstanden ist.

Menschen – und wie sie die Geschichte der Welt neu schreiben

Heute leben 6,6 Milliarden Menschen auf der Welt – eine unvorstellbar große Zahl. All diese Menschen essen, trinken, brauchen Kleidung und Klopapier, Autos und Computer. Und all das wird aus dem Stoff gemacht, den die Natur hergibt. Von den sogenannten Ressourcen verbrauchen die Menschen mehr denn je. Erstens, weil sie immer zahlreicher auf der Erde vertreten sind, und zweitens, weil sie in immer mehr Wohlstand leben wollen. Hatten Kinder früher nur ein Paar Schuhe, haben die meisten von euch heute Schuhe für jede Gelegenheit.

Eine große Auswahl an Lebensmitteln, sauberes Wasser, Wissen und Techniken ermöglichen uns ein Leben, von dem viele Menschen früher nicht einmal zu träumen wagten. Sie mussten noch oft im Winter frieren, lange Wege zu Fuß bewältigen und in Kriegszeiten sogar hungern und um ihr Leben fürchten. Wir können uns das nur noch schwer vorstellen. Kindern, die im südlichen Europa, in Afrika oder in einigen Ländern Asiens, Latein- und Südamerikas wohnen, fällt das schon viel leichter. Sie kennen Hunger und Not, einige sogar Krieg.

Wir wissen, dass unser Leben das der anderen Menschen auf der Welt beeinflusst. Wenn wir hier viel Auto fahren und viele Fabriken bauen, in denen all die Sachen gemacht werden, die uns das Leben leichter machen, dann verbrauchen wir nicht nur viele Ressourcen. Aus den Auspuffrohren und Fabrikschloten kommen zudem viele giftige Abgase. Sie werden vom Wind über die ganze Welt getragen und lassen Menschen, Tiere und Pflanzen auch im entferntesten Winkel der Erde erkranken. Alles, was wir tun, hat Folgen! Von denen ahnen wir manchmal im Alltag nichts, aber wenn wir nachdenken und uns erkundigen, wissen wir, was wir besser machen können.

Wie Träume und Fakten die Welt verändern können

Träumt von einer besseren Welt!

Eine der berühmtesten Reden der Menschheit begann mit „Ich habe einen Traum". Gehalten hat sie Martin Luther King, der von 1929 bis 1968 in den USA lebte. Er setzte sich für Gerechtigkeit und die Gleichbehandlung aller Menschen ein. Jeder sollte – egal ob er eine dunkle oder helle Hautfarbe hat, an Jesus, Buddha oder Mohammed glaubt – die gleichen Rechte haben. Martin Luther King fing im kleinen Rahmen an, seinen großen Traum zu verwirklichen: Er hielt als Pastor Predigten in seiner kleinen Kirche und konnte immer mehr Menschen davon überzeugen, sich auch dafür einzusetzen. Als er 1963 seine berühmte Rede hielt, hörten ihm mehr als 250.000 Menschen zu. Er hat die Welt mit seinen Träumen verändert.

Das könnt ihr auch! Wenn ihr träumt und an eine bessere Welt glaubt, sprudeln nicht nur Ideen für tolle Aktionen aus euch heraus, sondern auch so viel Spaß, dass ihr leicht andere überzeugen könnt mitzumachen. Dieses Buch soll euch dabei helfen.

Unsere Umwelt

Wenn Erwachsene von Umwelt reden, hört sich das oft nach Problemen an: Hier gibt es eine Umweltverschmutzung, da eine Katastrophe und zum Schluss heißt es meistens: Es wird zu wenig für den Umweltschutz getan. Fällt das Wort Natur, dann fast immer im Zusammenhang mit Sommer, Sonne, Ferienzeit. Dabei gehört alles zusammen: Keine Pflanze, kein Tier – und somit auch kein Mensch – kann ohne die anderen überleben. Und ganz sicher nicht ohne die wichtigen Elemente unserer Welt: Luft, Wasser, Erde und Feuer. Hinzu kommen all die Dinge, die uns das Leben leichter machen und ebenfalls zur Umwelt gehören: Technik und Fabriken, um unsere Kleidung, Häuser oder Autos herzustellen. Und die Natur? Aus Pflanzen wie Leinen oder Baumwolle machen wir Kleidung. Holz, Sand und Steine brauchen wir für den Hausbau. Was wir für die Autos benötigen, holen wir uns aus der Erde – Eisen und Erdöl. Wir brauchen also alles, was uns die Welt gibt. Und das ist manchmal sogar zu viel, denn wir entnehmen der Natur oft mehr, als sie verkraften kann.

Ökologie – Die Lehre unserer Welt

Alles, was uns die Umwelt für unser Leben bereitstellt, bildet ein großes Ganzes: Tiere, Pflanzen und die sogenannte unbelebte Umwelt, zu der Steine, Boden, Luft und Wasser gehören. Wasser, frische Luft und Äpfel an Bäumen sind dabei offensichtliche Lebensspender. Aber vieles, was uns am Leben hält, sehen wir nicht auf den ersten Blick. Bienen zum Beispiel. Ohne sie blieben unsere Teller leer. Sie bestäuben die Blüten vieler Pflanzen, die wir zum Überleben brauchen. Oder Mäuse – sie essen unter anderem die Samen der Pflanzen im Garten oder Park und scheiden sie unverdaut wieder aus, sodass die Pflanzen auch an anderen Stellen wachsen können. Sie selbst sind wiederum beliebte Mahlzeiten für Eulen, Igel und Katzen. Deren Kot machen Würmer und andere kleine Lebewesen im Boden wieder zu Erde. Darüber freuen sich die Pflanzen und letztendlich auch wieder die Mäuse.

Diese Gesamtheit der Lebewesen in einem sogenannten Lebensraum und den Einfluss, den Tiere, Pflanzen und sogar Steine, Boden, Luft und Wasser aufeinander haben, nennt man Ökosystem. Diesen Namen haben ihm Wissenschaftler gegeben, die sich mit der Ökologie beschäftigen.

Lebensräume der Erde

Unsere Erde teilen Ökologen in Lebensräume ein. Die haben alle etwas gemeinsam: Wetter, Landschaft und Lage. Je nachdem, ob es in einem Land immer kalt oder warm ist, trocken oder nass, ob es auf Bergen oder in Ebenen liegt, fühlen sich hier einige Pflanzen und Tiere besonders wohl und machen es sich gemütlich. Ökologen nennen das spezialisieren.

Lebensräume sehen auf Landkarten wie zerfranste Gürtel aus. Die, die nah am Äquator liegen, stehen meist für heiße Lebensräume wie Regenwälder. Die Gürtel, die nahe am Nord- und Südpol liegen, markieren eisig kalte Gebiete. Die Tiere und Pflanzen, die in diesen Gebieten leben, haben sich der Hitze beziehungsweise der Kälte angepasst. Und obwohl ihre Lebensräume auf den Karten so fein säuberlich getrennt aussehen, kann keiner aus dem einen Raum ohne die aus den anderen existieren. Ohne die Kälte und das Eis hoch im Norden und tief im Süden würde sich die ganze Welt stark erwärmen. Denn das Eis spiegelt viele warme Sonnenstrahlen zurück, sodass sie unsere Erde nicht weiter aufheizen.

Auch wenn Menschen Lebensräume zerstören, ist das sehr gefährlich. Wenn sie zum Beispiel Wälder roden und riesige Getreidefelder anbauen, verlieren nicht nur Pflanzen, sondern auch viele Tiere ihren Lebensraum. Leider gibt es oft keine andere Möglichkeit, denn die Menschen haben Hunger und wollen ernährt werden.

Entdeckt die kleinsten Wesen und großen Zusammenhänge im Leben!

Helft den Kleinsten ...

... denn sie sind für andere lecker und wichtig! Spinnen und Insekten, die sich in eure Zimmer schleichen, könnt ihr hinausbefördern. Es geht auch ohne Kreischen und Killen, nämlich mit einer kleinen Falle, wie im Bild, oder mit einer Lupendose. Der Vorteil bei beiden: Ihr könnt die Tiere in aller Ruhe ansehen und dann dahin bringen, wo sie eine wichtige Rolle spielen: nach draußen.

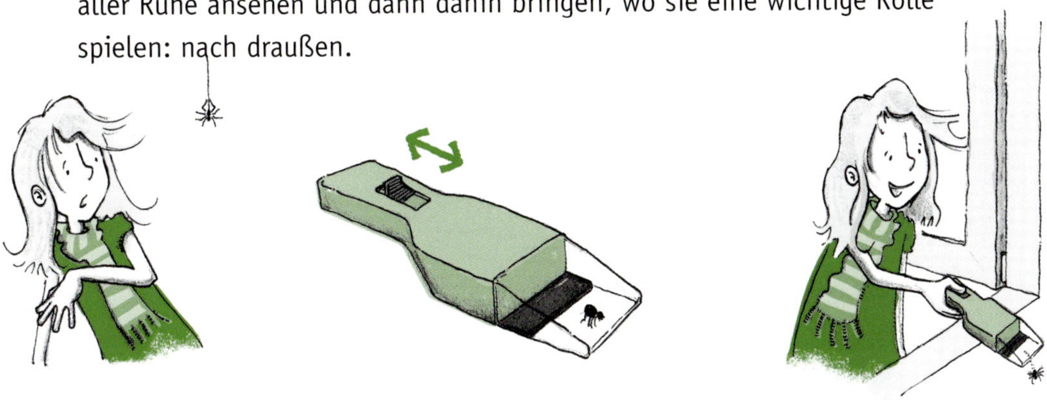

Die Kleinsten sind in allen Lebensräumen die Größten

Alles Leben fängt mal klein an. Aus Samen werden Pflanzen, Tiere oder Menschen. Und die kleinsten Lebewesen sind besonders wichtig. Erstaunlich, aber wahr. Ohne Bakterien, Pilze und Lebewesen, die wir mit bloßem Auge kaum sehen, könnten wir nicht überleben. Sie ernähren sich von allem, was auf oder in den Boden kommt, von abgestorbenen Pflanzen, Kot oder Kadavern. Deswegen werden sie oft mit der Müllabfuhr verglichen. Sie sind aber mehr beziehungsweise besser als das. Denn sie bauen den Müll nicht nur ab, sie machen daraus Grundstoffe, die für die Erde und die Luft wichtig sind. Wenn sie beispielsweise das Herbstlaub zersetzen, entsteht dabei Kohlendioxid. Das brauchen die Pflanzen zum Leben. Die Pflanzen wiederum werden von allen Tieren gebraucht – als Nahrung, aber auch als Frischluftlieferant. Ohne die Kleinen kann es also die Großen nicht geben.

Bitte nicht aufräumen!

Wenn ihr zu Hause für die Gartenarbeit zuständig seid, überzeugt eure Eltern, das Herbstlaub nicht wegzuwerfen. Lasst es in einer Ecke des Gartens liegen. Auch in der Schule könnt ihr vielleicht den Hausmeister dafür gewinnen, mal was liegen zu lassen. Denn ein aufgeräumter, laubfreier Garten oder Hof sieht zwar vielleicht hübsch aus, er gibt aber weniger Lebewesen ein Zuhause.

Ein ganzer Haufen Leben: Das Laub ist ein gefundenes Fressen für Regenwürmer, Pilze und Bakterien. Diese wiederum sind Leckereien für Maulwürfe, Mäuse und Igel. Die stacheligen Herbstlaubfreunde sind ganz besonders auf gemütliche Blätterecken angewiesen. Sie bauen sich daraus ihr Winterschlafquartier.

Ökologische Nischen

Das Verhalten der Tiere, ihre Rolle, die sie in ihrer Umwelt spielen, nennt man ökologische Nische. Nehmen wir zum Beispiel einen Laubhaufen. Er beherbergt viele Lebewesen, von denen jedes einzelne eine wichtige Aufgabe darin erfüllt. So hat der Regenwurm ein dünnes Ende, mit dem er sich durch Laub und Boden bohren kann. Der Igel lebt im Laub, da er sich unter anderem von Regenwürmern ernährt. Und weil Regenwürmer in der Nacht aktiv sind, hat sich der gestachelte Jäger an das nächtliche Treiben angepasst. Beide Tiere richten ihr Verhalten an ihrem Umfeld aus und schaffen sich so ihre ökologische Nische.

Jede Art auf dieser Welt hat ihre eigene Nische und ist auf bestimmte Nahrungsquellen spezialisiert. Das sichert einerseits ihr Überleben, da sie genau wissen, wo sie was zu tun haben. Andererseits ist dieses angepasste Verhalten an eine Region und deren Bewohner auch gefährlich. Denn wenn da große Veränderungen passieren, müssen sie entweder lernen, sich neu anzupassen, oder sie sterben.

Naturverbrauch und Naturschutz

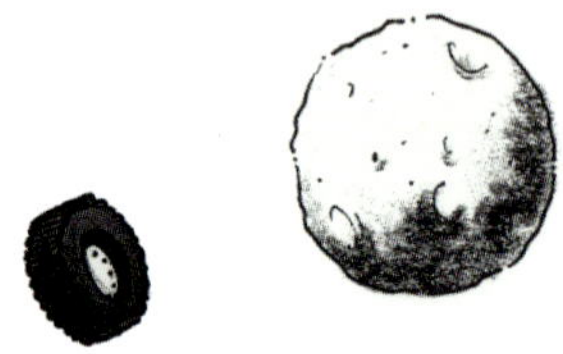

Alles, was wir Menschen tun, hat große Auswirkungen auf der ganzen Welt. Wir nehmen uns alles, was wir zum Leben brauchen, aus der Natur. Und leider noch viel mehr. Das wird ihr langsam zu viel. Allein Deutschland verbraucht jedes Jahr etwa 5,3 Milliarden Tonnen Erde, Steine, Erze und viele andere Rohstoffe. Das entspricht in etwa einem 5,6 Milliarden Meter hohen Turm aus vier Milliarden Autos. Man könnte die Autos zu 14 Türmen bauen, die von der Erde bis zum Mond reichten.

Würde man all diese Autos nebeneinander aufstellen, bliebe in ganz Deutschland kaum noch Platz zum Leben. Und tatsächlich bauen wir so viele Häuser, Straßen und Fabriken, holen wir so viel Kohle, Eisen oder Salz aus der Erde, dass diese kaum noch Lebensraum für Tiere oder Pflanzen bieten kann.

Um der Natur zu helfen, haben Menschen ganze Gebiete, Pflanzen oder Tiere unter Schutz gestellt. So stehen zum Beispiel viele Wälder unter Naturschutz. Hier dürfen Menschen die Wege nicht verlassen, damit die darin lebenden Tiere und Pflanzen in Ruhe leben können. Wenn Pflanzen- oder Tierarten unter Naturschutz stehen, dürfen sie auch nicht gepflückt oder gejagt werden.

Allein Deutschland verbraucht jedes Jahr so viele Rohstoffe, dass man daraus 14 Autotürme von der Erde zum Mond bauen könnte.

Schütze schon beim Einkaufen die Natur

Nur damit wir immer frisches Obst aus aller Herren Länder, hübsch eingerichtete Wohnzimmer oder schicke Klamotten haben, nehmen wir in Kauf, dass auf der ganzen Welt viele Rohstoffe dafür verbraucht werden und Flugzeuge, Schiffe oder Lkws sich auf den Weg machen, um sie zu uns zu bringen.

Wenn Waren mit besonders wenig Strom, Lärm oder aus schadstofffreiem Material gemacht wurden, werden sie mit Umweltsiegeln ausgezeichnet. Das ist wie eine gute Note in der Schule.

Blauer Engel

Der Blaue Engel steht unter anderem für sparsamen Einsatz von Rohstoffen, hohe Umweltfreundlichkeit und lange Lebensdauer. Denn je länger zum Beispiel ein Schulranzen hält, desto weniger neue müssen hergestellt werden.

Europäische Umweltzeichen

Wenn ihr im Urlaub seid, erkennt ihr an der Umweltblume und dem Bio-Siegel für Europa gesundheits- und umweltverträgliche Produkte.

Bio-Siegel

Lebensmittel aus umweltschonender Landwirtschaft tragen in Deutschland und Europa dieses sechseckige Bio-Siegel.

Artenvielfalt und ihr Schutz

Wir Menschen kennen nur einen Bruchteil der Tiere und Pflanzen, die auf der Erde leben. Bisher haben unsere Forscher etwa 1,8 Millionen Arten entdeckt und beschrieben. Im Regenwald wimmelt es von Spinnen, Insekten, Vögeln, Affen und anderen Tieren. Es sind so viele, dass Forscher überzeugt sind, bisher noch lange nicht alle zu kennen! Und jede Art zählt. Jedes Lebewesen ist wichtig für das Überleben der anderen, als Nahrung und für das ökologische Gleichgewicht. Dass Tag für Tag zahlreiche Arten durch menschliche Eingriffe in die Natur für immer verschwinden, ist für alle Erdenbewohner eine große Gefahr.

Warum und seit wann gibt es den Artenschutz?

Menschen zählen zu den Säugetieren und diese sind im Vergleich zu den Insekten eine sehr seltene Art auf der Welt. Insekten und Spinnentiere gibt es nämlich in millionenfachen Ausführungen. Säugetierarten kommen hingegen gerade mal auf 4.500. Wir Menschen sind lediglich eine einzige davon. Dennoch richten wir für alle anderen Lebewesen enormen Schaden an. Unsere Häuser, Fabriken, Straßen und Schienen bauen wir inmitten der Lebensräume von Tieren und Pflanzen. Diese traurige Erkenntnis, dass unser Lebensstil zum Artensterben führt, hat aber auch eine positive Seite: Immer mehr Menschen wollen daran was ändern und setzen sich für den Artenschutz ein.

Als vor etwa 100 Jahren die ersten Arten von der Erde verschwanden, begannen die Menschen, ihre Fehler einzusehen, und stellten ganze Tier- oder Pflanzenarten unter Schutz. Das reichte aber nicht. Denn die Arten können sich nicht nur dank eines Gesetzes erholen. Sie brauchen ihren Lebensraum zurück. Und wo das nicht geht, müssen Menschen lernen, Rücksicht zu nehmen. Zum Beispiel fordern die Schilder am Straßenrand die Autofahrer dazu auf, vorsichtig zu fahren, wenn irgendwo Hirsche oder Kröten unterwegs sind.

Auch ihr könnt Tieren und Pflanzen helfen, wenn ihr aufmerksam seid und euch in ihrem Zuhause vorsichtig und respektvoll benehmt. Im Wald, auf Wiesen oder im Urlaub.

Eine gute Nachbarschaft für die Tiere!

Viele Pflanzen und Tiere der Welt sind in Not. Ihr könnt nicht allen helfen, aber vielen. Vor allem denen, die in eurer nächsten Umgebung leben.

Ein Vogelbad im Garten

Alles, was für den Bau eines Vogelbades nötig ist: eine flache, höchstens fünf Zentimeter tiefe Schale mit einem griffigen Rand, an dem sich die Vögel festkrallen können. Die Schale darf nicht aus Metall sein, da sie sich sonst in der sommerlichen Hitze zu stark aufheizen würde und im Winter zu kalt wäre. Ideal ist Keramik oder Kunststoff.

Ganz wichtig ist, dass im Vogelbad immer frisches Wasser ist. Am besten wechselt ihr es zwei- bis dreimal am Tag aus. Achtet beim Aufstellen des Bades auch darauf, dass die Badegäste rundum freie Sicht haben. Nur so bemerken sie anschleichende Katzen rechtzeitig und können fliehen – und vielleicht sogar ihre Todfeinde nass spritzen.

Die Meisenglocke

Du brauchst: Vogelfutter-Körner, ca. 200 g Fett (z. B. Kokos), einen verzweigten Ast, einen Topf mit langem Stiel, ein Einmachglas, einen kleinen Blumentopf, ein Stück reißfestes, nicht zu dickes Seil und einen Erwachsenen, der mitmacht.

1. Einen kleinen Blumentopf auf ein passendes Einmachglas stellen. Einen Ast, der genau durch das Loch des Blumentopfes passt, in die Öffnung stecken.

2. Ca. 200 g Fett langsam in einem Topf mit langem Griff schmelzen lassen und so viel Vogelfutter-Körnermix in das geschmolzene Fett schütten, bis sich eine feste Masse bildet. Topf vom Herd nehmen, ein wenig auskühlen lassen und dann nach und nach in den Blumentopf gießen.

3. Vor dem Aufhängen den Topf mit der Körnermasse über Nacht an einem kühlen Ort erkalten lassen.

Füttern im Winter?

Vögel sollten erst dann gefüttert werden, wenn ihre natürlichen Nahrungsquellen knapp werden – also bei einer dauerhaft geschlossenen Schneedecke und anhaltendem Frost. Dabei sind einheimische Beeren die beste Kost: Beeren von Weißdorn, Holunder, Sanddorn, Eberesche und Schlehe, Körner verschiedener Getreidesorten, Sonnenblumenkerne, Kürbissamen, Bucheckern sowie Wal- und Haselnüsse werden gerne gefressen. Ihr könnt das alles am Wegesrand pflücken, aber bitte lasst genug an den Büschen, Bäumen und Gräsern hängen. Denn die Vögel pflücken sich ihr Futter auch sehr gerne selbst.

Die Beeren müsst ihr sorgfältig trocknen. Am besten geht das auf der Heizung. Das getrocknete Vogelfutter ist fertig, wenn sich die Beeren wie zähes Leder anfühlen und keine feuchten Stellen mehr aufweisen. Dieses Futter könnt ihr auf die Fensterbank streuen. Bitte legt niemals Speisereste wie Kuchenkrümel oder Brot dazu! Sie enthalten Gewürze und Salz, die zum Tod der Vögel führen können.

Hilfe für Igel

Igel kommen in der Dämmerung raus und jagen in der Nacht. Leider finden sie in den Gärten immer weniger Laub und Reisig, unter dem sie Unterschlupf finden können. Mittlerweile sind sie in Deutschland so selten, dass sie in einigen Bundesländern als stark gefährdet gelten. Spielt mal Igelpolizei und überprüft die Gärten in eurer Nachbarschaft:

Sind die Zäune igeldurchlässig? ☐ Ja ☐ Nein

Igel wandern auf der Jagd nach Futter sehr viel. Maschendrahtzäune und Mauern sind ihnen dabei im Weg. Besser sind Hecken und Lattenzäune, durch die die kleinen Stacheltiere schlüpfen können.

Gibt es Schwimmbecken und steile Teichränder? ☐ Ja ☐ Nein

Igel können sich aus Pools und Teichen nur mit Hilfe befreien. Ein Brett oder eine flache Seite am Ufer kann ihnen als Ausstieg dienen.

Sind Kellerschächte und Gruben gesichert? ☐ Ja ☐ Nein

In Schächten und Gruben sterben jedes Jahr viele Igel. Sie können nicht alleine herausklettern. Am besten werden diese Fallen mit einem Gitter sicher abgedeckt.

Ein Heim für Insekten, Bienen, Käfer & Co.

Ihr könnt von heute auf morgen ein eigenes Bienen- oder Wespenhotel aufmachen. Ganz leicht geht das, wenn ihr eine große Blechbüchse sauber macht und von außen mit einer ungiftigen Lackfarbe bemalt. In die Büchse kommen nun Pflanzenstängel, in denen die Bienen und Wespen schlafen und überwintern können. Die Behausung muss regendicht sein, damit die Stängel nicht nass werden.

Passende Stängel findet ihr im Garten oder bei einem Spaziergang: Äste von einem Holunderbaum, Brombeerstrauch oder auch Stängel von Königskerzen, Kugeldisteln und Schilfhalmen. Aber auch Bambusstangen aus dem Baumarkt mögen die summenden Insekten sehr gerne. Ihr schneidet sie passend zu der Tiefe des Behälters, in den ihr sie stecken wollt, und hängt das kleine Hotel an eine sonnige Wand. Am besten geeignet ist eine Wand unter einem Dach, das es auch vor Regen schützt.

Lasst alles liegen!

Überzeugt eure Eltern, die Gartenarbeit mal nicht so gründlich zu machen. Bittet sie darum, Laub, Zweige, Steine, totes Holz an einigen Stellen liegen zu lassen. Laubkäfer und viele andere Insekten können sich hier verstecken und finden ein warmes Zuhause.

Ein Duftbeet für Schmetterlinge

Sucht einen sonnigen Platz und legt entweder ein Beet an, indem ihr es mit Steinen begrenzt, oder holt euch ein großes Gefäß auf den Balkon – einen Topf oder gar eine alte Babywanne. Das Gefäß füllt ihr mit Blumenerde auf. Jetzt könnt ihr mit dem Pflanzen beginnen. Pflanzen, die Schmetterlinge besonders gern mögen, sind: Wildkräuter, Lavendel, Herbstastern, Glockenblumen, Wiesenmargerite, Thymian, Vergissmeinnicht, Nachtkerze und Königskerze.

Baut eine Hecke!

Sucht euch einen Platz auf dem Schulhof oder auf einer Wiese, der mindestens vier Meter lang ist. Hier schichtet ihr abgesägte Zweige von Bäumen und Sträuchern auf, die bei Gartenarbeiten oder in Baumschulen anfallen. Formt daraus eine vier Meter lange Schlange, die etwa ein Meter breit und hoch ist. Dann könnt ihr anfangen, sie zu befestigen. Zwar schlägt der Baum- und Strauchschnitt von allein Wurzeln und wird grün, aber bis es so weit ist, sind Heckenpflanzen wie Hartriegel sehr nützlich. Pflanzt diese im Abstand von etwa einem Meter dicht entlang der aufgeschichteten Zweige.

Jetzt braucht ihr nur noch Geduld. Wind und Vögel übernehmen nun eure Arbeit, tragen Wildsamen zu der Hecke, sodass sie immer grüner wird. Das geht nicht von heute auf morgen, aber wenn ihr der Hecke Zeit lasst, werden sich hier bald viele Insekten, Vögel und auch kleine Säugetiere wie Igel und Mäuse zu Hause fühlen.

Bedrohte Tiere und die Rote Liste

Es ist traurig, aber wahr, dass wir Menschen schuld daran sind, wenn immer mehr Tiere und Pflanzen von unserer Erde verschwinden. Auf der Roten Liste stehen alle Tier- und Pflanzenarten der Welt, deren Leben in Gefahr ist. Die Rote Liste verzeichnet auch alle Pflanzen- und Tierarten, die bereits ausgestorben oder verschollen sind. Traurige Bilanz: Zurzeit stehen mehr als 9.400 Tierarten auf der Liste. Allein in Deutschland ist mehr als ein Drittel aller Tierarten gefährdet.

Die Informationen der Roten Liste sind sehr wichtig. Denn sie helfen den Regierungen der Welt zu entscheiden, welche Arten, aber auch welche Gebiete sie schützen müssen. Im Internet findet ihr unter *www.redlist.org* alle Tiere, die zurzeit auf der Roten Liste stehen.

Erste Hilfe für ein Wildpferd

Vor über 100 Jahren gab es in ganz Europa keine Przewalski-Pferde mehr. Die stämmigen Wildpferde lebten nur noch in Zoos. Zum Glück – denn hier wurden sie gehegt und gepflegt, bis es wieder so viele davon gab, dass man sie in die Freiheit entlassen konnte. Heute leben etwa 700 Tiere in ihrer ursprünglichen Heimat, der Mongolei.

Räume, Wege und Brücken für Tiere und Pflanzen

Wir bauen unsere Häuser, Schulen, Supermärkte und Straßen mitten in die Heimat der Tiere und Pflanzen. Leider können wir ihnen ihren Lebensraum nicht ohne Weiteres zurückgeben. Doch Naturschützer können sogenannte Biotopverbünde schaffen: Darin verbinden sie Gebiete miteinander, indem sie Zäune für Tiere durchlässig machen oder sogar Straßen für Tiere bauen. Diese heißen Grünkorridore und führen die Tiere um Orte herum, an denen sehr viele Menschen sind. Sogar über Straßen und Autobahnen führen diese tierischen Wanderwege.

Doch auch Pflanzen brauchen Hilfe: In den letzten Jahrzehnten sind viele Pflanzen, die ehemals in Deutschland wuchsen, ausgestorben. Sie wurden verdrängt, um anderen Platz zu machen. So werden in Parks immer häufiger Platanen angebaut. Sie gehören eigentlich nach Kanada oder in die USA. Ihre Blüten und Früchte ernähren keine Tiere, die hier zu Hause sind. Es wird Zeit, dass wir unserer Natur das zurückgeben, was wir ihr genommen haben: einheimische Pflanzen. Das hilft nicht nur den Tieren, auch Gärtner und Waldbesitzer haben mit einheimischen Pflanzen weniger Arbeit. Sie fühlen sich hier bei uns so pudelwohl, dass sie wenig Pflege, Dünge- oder Schutzmittel brauchen, um prächtig zu gedeihen. Wenn eure Eltern also Blumen oder Bäume für den Garten kaufen wollen, erzählt ihnen von den Vorteilen der einheimischen Pflanzen.

Helft den Großen!

Hier findet ihr die Adressen der Umweltschutzorganisationen, bei denen ihr mit euren Freunden herzlich willkommen seid.

WWF steht für World Wild Fund For Nature

Bei den Young Pandas können Kinder ab sieben Jahren schon selbst aktiv werden. Jede Spende, die hier gesammelt wird, hilft den vom Aussterben bedrohten Pandas, Waldelefanten, Gorillas und vielen anderen mehr.

www.wwf.de

info@wwf.de

BUND – Bund für Umwelt und Naturschutz Deutschland

Hier könnt ihr bei der BUNDjugend mitmachen. Die jungen BUND-Mitglieder setzen sich erfolgreich in Kampagnen, Protestaktionen und Projekten für die Umwelt ein. „Wir kämpfen für gentechnikfreies Essen, eine giftfreie Umwelt, machen uns stark für die Erhaltung der Natur, für eine gerechte Globalisierung und für 100 Prozent erneuerbare Energien", schreiben sie auf ihrer Homepage.

www.bundjugend.de

www.bund.net

info@bund.net

NABU – Naturschutzbund Deutschland

Vor über 100 Jahren hieß der NABU noch Bund für Vogelschutz und setzte sich für die gefiederten Freunde ein. Heute nimmt sich der Verein aller Umweltschutzthemen an. Die Naturschutzjugend (NAJU) ist die Jugendorganisation des NABU. Sie ist mit rund 60.000 Mitgliedern bundesweit die größte im Naturschutz tätige Jugendorganisation. Im Netz findet ihr sie unter: *www.naju.de*

www.nabu.de

nabu@nabu.de

Greenpeace

Berühmt geworden ist die Umweltschutzorganisation Greenpeace mit aufsehenerregenden Aktionen, um Wale zu retten. Sie versperrten in Schlauchbooten riesigen Schiffen den Weg, die Wale fangen und töten wollten. Dieser Mut hat ihnen viel Respekt eingebracht. Bis heute kämpfen sie für Tiere und Umwelt.

Für Kinder haben sie auch eine Seite ins Internet gestellt: *www.greenpeace4kids.de*. Hier könnt ihr euch Informationen zu vielen Naturschutzthemen holen und andere Kinder und Jugendliche kennenlernen, die sich für die Natur begeistern.

www.greenpeace.de
mail@greenpeace.de

GREENPEACE

Rettet den Regenwald

Die Organisation unterstützt beispielsweise die Indianer aus Sarayacu im südlichen Teil Amazoniens in Ecuador, die sich verzweifelt gegen die Umweltzerstörung durch die Ölförderung auf ihrem traditionellen Stammesgebiet wehren. Sie sammelt Geld, um den Menschen den Kauf von Regenwaldflächen zu ermöglichen, und hilft bei der Organisation von Protestkampagnen vor Ort. Für Kinder hat der Verein eine eigene Seite: *www.abenteuer-regenwald.de*, die zeigt, dass auch Kinder und Schüler schon helfen können, den Regenwald zu retten.

www.regenwald.org
info@regenwald.org

Rettet den Regenwald e.V.

Wie funktioniert unser Klima?

„Mit Sonne, Luft, Wasser und unserer Erde“, lautet die sehr vereinfachte Antwort. Etwas genauer: Die Luft setzt sich überwiegend, nämlich zu drei Vierteln, aus Stickstoff zusammen. Zum Glück für uns gibt es dann noch ein knappes Viertel Sauerstoff und für die Pflanzen einen Hauch Kohlendioxid. Hinzu kommt Wasserdampf – in unterschiedlichen Mengen. Aus all diesen Zutaten entsteht nicht nur das Wetter, sondern das ganze Klima.

Und das geht nur mithilfe der Sonne: Sie erwärmt das Wasser der Meere und lässt es verdampfen. Auch die Luft am Boden wird dank der Sonnenstrahlen warm. Und da warme Luft leichter ist als kalte, steigen Wasserdampf und warme Luft wie ein Heißluftballon in den Himmel. Oben ist die Luft wiederum kälter, sodass der Wasserdampf sich in Wassertropfen zurückverwandelt und in Wolken sammelt. Die warme Luft strömt Richtung Nord- oder Südpol – je nachdem, welcher näher dran ist. Alle diese Strömungen können wir als Wind auf der Haut fühlen. Aber nicht nur das: Wenn sich in den Wolken zu viele Wassertröpfchen angesammelt haben, schließen sie sich zu großen Tropfen zusammen und fallen als Regen zu Boden. Das Wetter ist also ein hochkomplexes Zusammenspiel von Sonne, Luft, Wasser und sogar der Erdumdrehung. Denn dieser Schwung beeinflusst die Richtung der Winde.

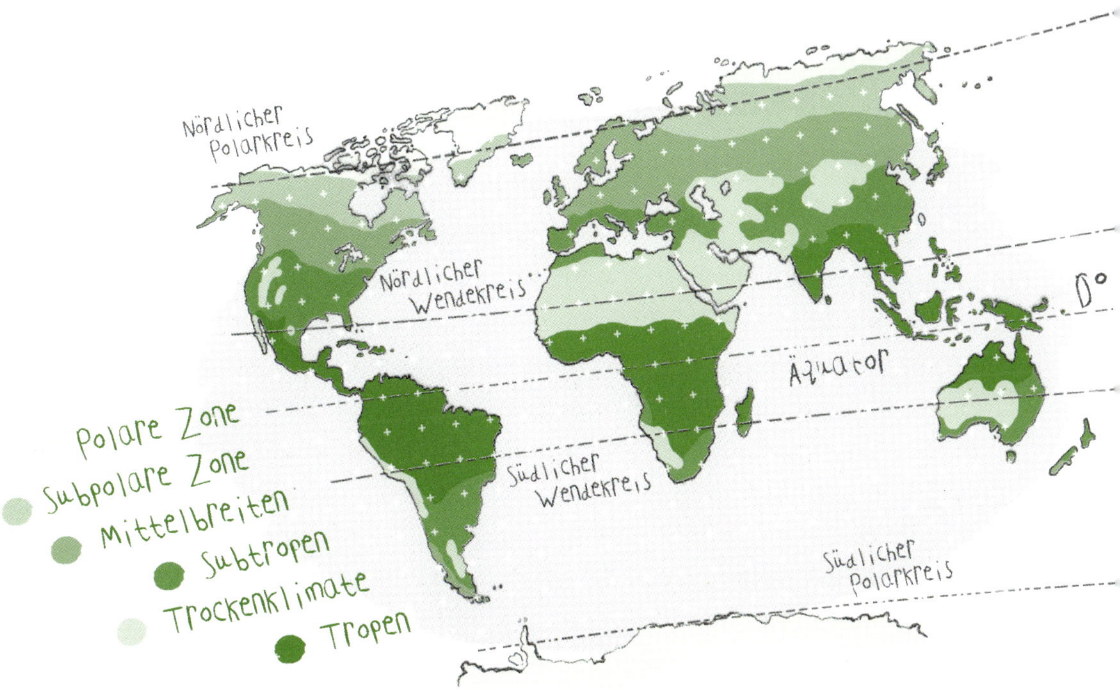

Die Welt und ihre Klimazonen

Wetter oder Klima?

Der Unterschied zwischen Wetter und Klima ist schnell erklärt: Das Wetter kann sich blitzschnell ändern. Sobald die Wolke voll ist, regnet sie sich aus. Überall auf der Erde gilt diese Regel. Wenn man das Wetter an einem bestimmten Ort über einen längeren Zeitraum hinweg misst und die Durchschnittswerte ermittelt, erhält man eine Beschreibung des durchschnittlichen Wetters in dieser Region. Diese statistische Beschreibung nennt man Klima. So ist das Wüstenklima in der Sahara zum Beispiel beständig trocken und heiß. Klima ist abhängig von dem Ort auf der Erde, seinem Relief – also ob er auf einem Berg, im Tal oder auf einer Ebene liegt – und von seiner Entfernung zur Sonne.

Weltklimazonen – getrennt und doch vereint

Wir leben in Deutschland in einem wahrlich behüteten, gemäßigten Land. Es ist weit genug vom Äquator entfernt, um nicht ständig heiß und feucht zu sein, wie beispielsweise Vietnam oder Indonesien. Diese Länder der tropischen Klimazone liegen entlang dem Äquator und kennen nur zwei Jahreszeiten: Trocken- und Regenzeit. Letztere kann bis acht Monate dauern. Das heißt, da die Regenzeit meistens in den Sommer fällt, dass es hier von März bis Oktober fast jeden Tag regnet.

Alle Lebewesen haben sich an das Klima ihrer Zone optimal angepasst. So leben Kamele in trockenen Regionen, wo sie gelernt haben, mit wenig Wasser gut zurechtzukommen. Walrosse wiederum haben sich an die eisige Kälte im Norden gewöhnt. Sie haben eine bis zu acht Zentimeter dicke wärmende Fettschicht, die sie auch vor Verletzungen durch messerscharfe Eiskanten schützt. Und so ist es für alle sehr wichtig, dass sich innerhalb der Klimazonen nichts verändert. Aber genau das passiert zurzeit: An den Polen wird es wärmer, am Äquator immer heißer.

Warum wenige Grade viel ausmachen und die ganze Welt verändern können

Klimaforscher sagen voraus, dass es auf der Welt nach den nächsten hundert Jahren um zwei bis vier Grad Celsius wärmer sein wird als heute. Geht ihr ohne Jacke raus, fühlen sich drei Grad ebenso kalt an wie fünf oder sieben. Und im Sommer ist ein Tag mit 28 Grad schon sehr heiß. 30 oder 32 machen ihn wenig spürbar heißer. Aber für die Erde bedeuten zwei bis vier Grad eine ganze Menge.

Vorstellen kann man sich das an einem Eiswürfel. Bei null Grad ändert sich an ihm nichts. Bei vier schmilzt er. Und so geht es zum Beispiel auch dem Eis des Nordpols. Es schmilzt bereits jetzt sehr schnell, obwohl die Klimaerwärmung noch gar nicht richtig begonnen hat. Wenn es noch wärmer wird, ist der Nordpol in etwa 30 Jahren eisfrei. Mit dem Eis verschwinden dann auch die letzten Eisbären und viele andere Tiere der Arktis.

Klima verstehen und retten!

Zoos zeigen uns Tiere aus aller Welt, in der Hoffnung, dass alle Menschen sie mehr schützen, wenn sie sie besser kennen. Wir versuchen dasselbe mit dem Klima: Wenn ihr versteht, wie es funktioniert, setzt ihr euch vielleicht mehr für dessen Schutz ein. Habt ihr nämlich das Prinzip des Klimas verstanden, könnt ihr auch anderen erklären, wie wichtig es ist, alle diese Vorgänge am Laufen zu halten und nicht zu stören.

Wie entstehen Wolken?

Ihr braucht für das Experiment einen Kochtopf, eine Schale, Eiswürfel und Topflappen.

Füllt in einen Kochtopf Wasser und erhitzt es auf der Kochplatte. Wenn Wasserdampf aufsteigt, füllt ihr die Eiswürfel in die Schale, nehmt sie mithilfe der Topflappen hoch und haltet sie über den Topf in den Wasserdampf.

Was beobachtet ihr?

Der Wasserdampf kühlt sich ab, sobald er die Schale berührt. Er bildet an der Schale Wassertropfen. Kommt immer mehr Wasser hinzu, tropft es in den Topf zurück. Es regnet.

Fast dasselbe passiert auf der Welt: Das Wasser der Meere wird immer wärmer. Und so verdunstet immer mehr davon. Der Wasserdampf bildet Tropfen um winzig kleine Staubkörner in der Luft – jeder Wolkentropfen hat also einen Mini-Staubkern. Die Tropfen fallen dann als Regen auf die Erde. Wenn immer mehr Wasser verdunstet, fällt entsprechend mehr als Regen auf die Erde zurück – allerdings leider nicht gleichmäßig. Es gibt viele Gegenden, wie zum Beispiel China, in denen sogar weniger Regen fällt. Der zusätzliche Regen ist vor allem an den wärmsten Stellen der Erde, rund um den Äquator, sehr gefährlich. Hier kann es zu starken Regenfällen und verheerenden Überschwemmungen kommen.

Eis und Meeresspiegel

Ihr braucht für das Experiment ein Glas, vier Eiswürfel, eine Schale und einen Folienstift.

Füllt das Glas mit Wasser, fast bis an den Rand. Markiert mit dem Stift den Wasserstand am Glas. Dann lasst ihr die Eiswürfel ins Wasser gleiten und schmelzen.

Dieses Experiment lässt sich leider genauso auf die Meere übertragen. Wenn an den Polen das Eis der Gletscher und das Inlandeis schmelzen und das Schmelzwasser ins Meer fließt, steigt der Meeresspiegel. Dabei gehen Inseln und viele Küstenstädte und Strände unter. Und alles nur, weil es auf der Erde wärmer wird.

Ganz konkret könnt ihr dem Klima helfen, indem ihr Kohlendioxid einspart. Hier erfahrt ihr, wie ihr weniger davon auf Wind und Wetter loslassen könnt.

Geht zu Fuß!

Überzeugt auch eure Eltern und Lehrer, dass sie viele Wege auf den eigenen zwei Beinen oder mit dem Fahrrad erledigen können.

Zieht euch warm an!

Die Heizungen eurer Wohnungen verbrennen die meiste Energie bei euch zu Hause! Wenn ihr den Thermostat an den Heizkörpern nur ein bisschen herunterdreht und nächste Woche vielleicht wieder ein bisschen, merkt ihr gar nicht, dass es in der Wohnung etwas kühler ist. Aber für das Klima ist jeder Grad wichtig. Denn wenn ihr die Raumtemperatur nur um einen einzigen Grad Celsius senkt, spart das fünf bis zehn Prozent Heizenergie. Temperaturen, die für euch und die Welt gesund sind: Im Schlafzimmer 16 bis 18 Grad, in Fluren 15 Grad und in Wohn- und Kinderzimmern 20 Grad.
Wenn ihr in Winterurlaub fahrt, solltet ihr die Heizung aber nicht ausschalten, auch wenn das erstmal Energie spart. Denn wenn die Temperaturen unter 15 Grad absinken, kühlen die Wände so stark ab, dass ihr Aufheizen zu viel Energie benötigt.

Richtiges Lüften hilft dem Klima drinnen und draußen.

Wenn es im Winter richtig kalt ist, wird es in den Wohnungen oft stickig. Statt das Fenster stundenlang zu kippen, ist es besser, wenn ihr alle zwei bis drei Stunden die Fenster weit öffnet. Dreht vorher aber bitte das Thermostatventil auf null. Nach wenigen Minuten ist die gesamte Raumluft ausgetauscht und frisch. Gegenüber ständig gekippten Fenstern könnt ihr jedes Jahr so bis zu 300 Kilogramm Kohlendioxid sparen und eure Eltern bis zu 80 Euro!

Jedes Gramm Kohlendioxid, das ihr einspart, bremst den Klimawandel ein bisschen aus und hilft so, dessen Auswirkungen für uns alle abzumildern.

Die Geschichte des Klimawandels

Unsere Welt ist im steten Wandel. Alles wächst, entwickelt und ändert sich. Tiere werden geboren, wachsen, bekommen Babys und sterben. Einem heißen Sonnentag folgt ein verregneter, dem Sommer der Winter. Nichts bleibt, wie es ist. Auch das Klima ändert sich. Das war schon immer so. Das, wovon zurzeit alle reden, den Klimawandel, gibt es nämlich seit Anbeginn der Erde. Zum Glück, denn ohne den sauren Regen vor Millionen von Jahren und diverse Eiszeiten wäre unser Leben, wie wir es kennen, nicht möglich. Was wir Menschen seit wenigen hundert Jahren machen, hat aber auch Folgen – leider schlechte: Klimaerwärmung, Gletscherschmelzen, Ansteigen der Meeresspiegel und Unwetter. Aber was genau passierte vor Millionen Jahren und was heute?

Klimawandel vorgestern

Als die Erde noch ein heißer Ball im Weltall war, schmolzen alle Staubkörner, die auf sie fielen. Ihr Wasser verdampfte zusammen mit vielen anderen Gasen und sammelte sich in einer dicken, undurchdringlichen Wolkenschicht. Diese war so dicht, dass kaum noch ein Sonnenstrahl durchdringen konnte. Auf der Erde wurde es immer kühler. Endlich war es so kalt, dass das Wasser in der Luft nicht mehr von der Hitze als Dampf gehalten werden konnte und als Regen auf die Erde tröpfelte. Ab diesem Zeitpunkt regnete es viele tausend Jahre. Das war der erste saure Regen dieser Welt, denn mit dem Wasser kamen alle Gase, auch säurehaltige und giftige, die vorher von der Hitze in die Luft gepufft worden waren, wieder herab. Zeitgleich brachte der Regen die erste Klimaveränderung der Welt.

Jeder Regentropfen – und war er noch so sauer – kühlte die Erdoberfläche ab, sodass sie langsam erstarrte. Erst als sich die letzte Wolke verzogen hatte, fielen Sonnenstrahlen auf den neu geschaffenen Boden und es wuchs das Leben – nicht wie wir es heute kennen, aber wie wir es uns vorstellen können.

Klimawandel gestern

Wissenschaftler gehen dank neuester Forschungsergebnisse davon aus, dass die Erde auf ihrer Laufbahn schwankt und sich ab und zu von der Sonne entfernt. Sie kann die Erde nicht mehr so stark erwärmen, wodurch Kälteperioden entstehen, die sich zu Eiszeiten auswachsen können. Weitere Ursachen für eine Eiszeit können Änderungen der Meeresströmungen, Vulkanausbrüche oder starke Verschiebungen der Erdplatten sein.

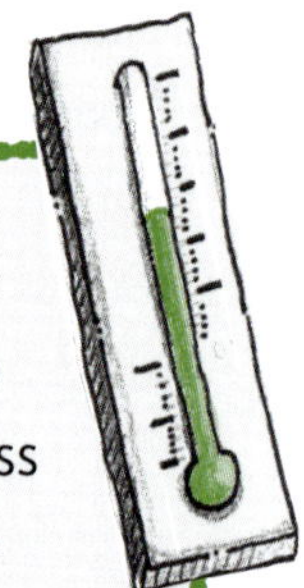

Die letzte große Eiszeit

Eiszeiten gab es auf unserer Erde immer wieder. Die letzte große Eiszeit erlebte die Welt vor 12.000 Jahren. Da war es so kalt, dass man von den Alpen nichts mehr sah. Sie waren unter dicken Eisschichten begraben. In dieser Zeit war so viel Wasser zu Eis erstarrt, dass für die Flüsse und Meere kaum noch was übrig blieb. Stellt euch vor: Ihr fahrt an die Nordsee und diese ist gar nicht da! Ihr könnt zu Fuß bis nach England gehen. Aber zieht euch warm an, denn ihr geht durch eine kahle, sandige Steppe, in der sich kleine Büsche vor dem eisigen Wind ducken, um Schutz zu suchen. Ihr seht kaum Tiere und es ist sehr, sehr kalt. Eiskalt sozusagen.

Klima heute und vielleicht morgen

Forscher haben berechnet, dass der Anteil des Gases Kohlendioxid, oft nur kurz CO_2 genannt, in der Lufthülle unserer Erde stetig steigt. Einige Forscher glauben, dass die Zunahme des CO_2-Anteils in der Atmosphäre die Temperaturen in einigen Jahrzehnten um bis zu fünf Grad steigen lassen kann. Das liegt daran, dass die Luft mit viel CO_2 wie ein Fenster wirkt: Sonnenstrahlen kommen ungehindert hindurch und erwärmen die Erde. Die Wärme kommt aber nicht wieder hinaus, sodass es immer wärmer wird. Die-

sen Effekt nutzt man zum Beispiel in Treibhäusern, damit Tomaten und Gurken besser wachsen. Darum werden CO_2 und einige andere Gase mit der gleichen Wirkung auch „Treibhausgase“ genannt.
Würde die Temperatur wirklich so stark steigen, wäre es in Deutschland fast immer so warm wie in Italien oder Südspanien. Das klingt nach Sonne, Ferien, Sommerzeit, hat aber auf den zweiten Blick böse Konsequenzen: Das Wasser könnte knapp werden, viele Pflanzen und Tiere kämen mit den ungewohnt hohen Temperaturen nicht zurecht und müssten auswandern oder gar aussterben. An den Polen könnte das Eis schmelzen und viele Tiere würden ihren Lebensraum verlieren. Aber auch Unwetter sind denkbare Folgen der Klimaerwärmung: Überschwemmungen, schwere Stürme, lange Hitze- und Dürreperioden würden uns allen das Leben schwer machen.

Der Klimawandel bricht aber nicht wie ein Unwetter aus. Fast schleichend werden die Temperaturen ansteigen und nicht jeder Sturm oder jeder milde Winter, den wir erleben, ist ein Beweis für die globale Erwärmung. Wissenschaftler verlassen sich auf langfristige Daten, wie zum Beispiel darauf, dass in Deutschland die durchschnittliche Temperatur in den letzten 100 Jahren um fast einen Grad (0,8 Grad Celsius) gestiegen ist.

Ihr seht an der Geschichte des Klimas, wie groß der Einfluss des Menschen auf das Wohlergehen der Erde ist. Unser Tun und Lassen hat Auswirkungen auf die gesamte Umwelt. Warum das so ist und was wir alle tun können, um die Welt zu einem besseren Ort zu machen, könnt ihr auf den folgenden Seiten lesen.

Die Menschen und ihr Einfluss

Vor 200 Jahren lebte etwa eine Milliarde Menschen auf der Erde. Vor 100 Jahren waren es schon doppelt so viele. Die Lebensqualität verbesserte sich rasend schnell und im Jahr 1960 zählte man auf der Welt bereits drei Milliarden Menschen. Die Vereinten Nationen, besser bekannt als UNO, rechnen damit, dass jedes Jahr 78 Millionen Menschen hinzukommen, sodass wir im Jahr 2050 bei neun Milliarden sein werden.

Mit der Bevölkerung wächst auch der Hunger – der wegen eines leeren Magens, aber auch der nach Wohlstand und Bequemlichkeit. Dazu gehören Autos, Handys und Spielkonsolen. All diese Luxusgüter werden nicht nur aufwendig hergestellt, sie brauchen für ihren Betrieb auch sehr viel Strom. Das bedeutet, dass mit der Weltbevölkerung auch Umwelt- und Klimabelastungen zunehmen werden, dass auch die Konzentration der Treibhausgase steigt und wir Menschen die Erde richtig in Schwierigkeiten bringen.

Menschen verändern die Welt mehr als jedes andere Wesen

Wie sehr wir die Erde verändern, könnt ihr mit einem Blick aus dem Fenster ermessen. Guckt beim Autofahren einfach mal genau hin und sucht nach Plätzen, die nicht von Menschen gemacht wurden. Die Straße, die Leitplanken und alles, was rechts und links am Wegesrand liegt, die Felder, Dörfer und Städte sind menschgemacht. Darunter liegen kilometerlange Tunnel für unsere Kabel, Gas- und Wasserleitungen.

Fast überall, auf 80 Prozent des Bodens dieser Welt, hinterlassen wir unsere Spuren. Wir nutzen ihn, um Landwirtschaft zu betreiben, unseren Müll zu lagern, Straßen und Städte zu bauen. Selbst die Ozeane sind vor uns nicht sicher: Wir leiten schmutziges Wasser hinein und entreißen ihnen jedes Jahr mehr als 80 Millionen Tonnen Fische und Meeresfrüchte.

Nur zum Vergleich – Der Kuckuck und ...

... nein, diesmal nicht der Esel, sondern der Mensch: Ihr habt sicher schon mal vom Kuckuck gehört. Dieser Vogel legt seine Eier in die Nester anderer Vögel. Es ist seine Überlebensstrategie, dass er es anderen Vögeln überlässt, seine Eier auszubrüten und die Küken großzuziehen. Sobald das Kuckucksküken geschlüpft ist, schubst es die anderen Eier oder sogar die Jungtiere aus dem Nest. Es beansprucht alles, die ganze Fürsorge und Pflege der Gasteltern, für sich allein. So ähnlich benehmen wir Menschen uns zurzeit. Ziemlich egoistisch verdrängen wir alles und jeden von der Erde, unserem Nest, nur damit es uns gut geht.

Armut in der Welt – in der „Ersten“ und „Dritten“?

Auf der Welt geht es nicht immer gerecht zu. Obwohl sie so groß ist, bekommen einige von ihr ganz wenig. Das gilt vor allem für die armen Länder Asiens und Afrikas. „Dritte Welt“ nennen viele die Länder, in denen weniger Fabriken, Autos oder Schulen sind. Aber was genau heißt das? Was bitteschön bedeutet „Erste“ oder „Dritte Welt“ in diesem Zusammenhang? Und wo ist die „Zweite“? Ist die „Erste“ besser als die andere? Und wenn ja: warum?

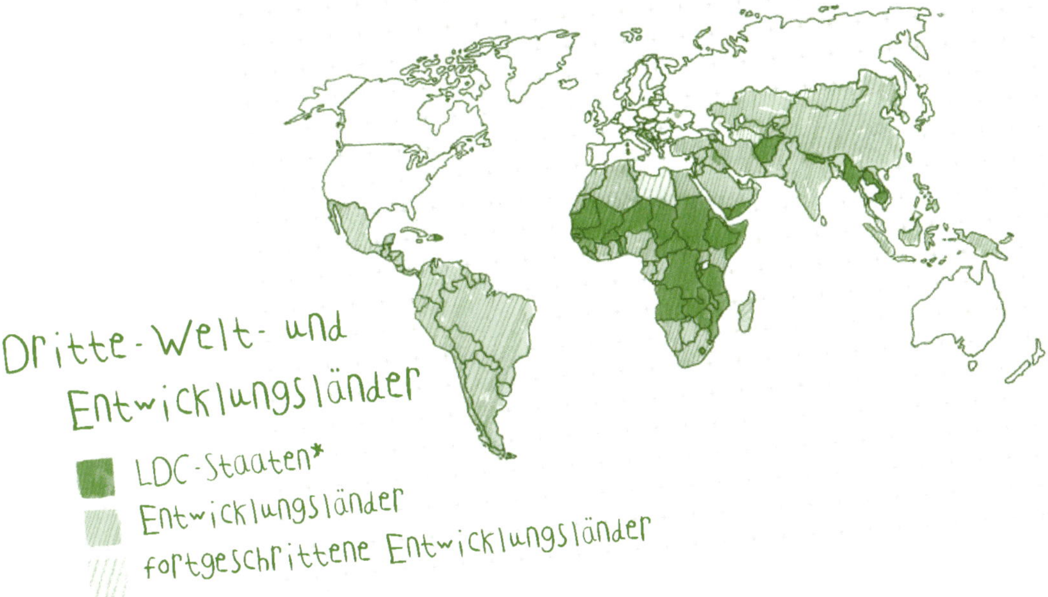

*Least Developed Countries (deutsch: am wenigsten entwickelte Länder) bezeichnet eine Gruppe von 50 besonders armen Ländern in der Welt. Diese „am wenigsten entwickelten Dritte-Welt-Länder" der Welt werden häufig auch als „Vierte Welt" bezeichnet.

Wir alle leben in einer Welt. Manche von uns sehr gut, andere mittelprächtig, viele sehr schlecht. Oft geht es Menschen schlecht, weil es anderen zu gut geht. Wie den Baumwollbauern in Indien zum Beispiel. Weil wir hier gerne neue, modische Anziehsachen wollen, müssen sie immer schneller Baumwolle herstellen. Das geht nur mithilfe chemischer, meist giftiger Mittel, die sie krank werden lassen. Oder mithilfe ihrer Kinder, die auf den Feldern arbeiten müssen.

Auf der Welt gibt es etwa 130 Millionen Kinder, die nicht lesen und schreiben können, weil sie schon sehr früh arbeiten müssen. Ohne eine gute Schulausbildung haben sie aber leider keine Chance, später eine gute Arbeit zu bekommen und Geld zu verdienen. Wenn sie eine Familie gründen, müssen ihre Kinder dann auch wieder arbeiten, damit die Familie überleben kann. Der Teufelskreis der „Dritten" beginnt oft genug in der „Ersten Welt". Und wenn die ihren Egoismus nicht einsieht, ist sie selber arm, arm an Weisheit und Güte.

Werdet Patentanten und -onkel, spendet und sammelt!

Werdet Paten für andere Kinder der Welt!

Ihr könnt über die folgenden Organisationen Adressen von Kindern bekommen, die ihr mit eurer Familie oder Schulklasse unterstützen könnt. Mit 20 bis 30 Euro im Monat helft ihr einem Kind in Afrika oder Asien, satt zu werden, sich warm anzuziehen und zur Schule zu gehen.

Hier könnt ihr die Patenschaften aussuchen, die am besten zu euch passen:
Kindernothilfe: *www.kindernothilfe.de*
Plan Deutschland: *www.plan-deutschland.de*
SOS-Kinderdorf: *www.sos-kinderdoerfer.de*
World Vision: *www.worldvision.de*

Weg mit dem alten Kram

Wie viele alte Spielzeugautos stauben langsam, aber sicher in euren Kinderzimmern zu? Wann habt ihr das letzte Mal mit der Eisenbahn gespielt oder seid mit dem Roller gefahren? Lautet die Antwort „In den Sommerferien" und liest du dieses Buch gerade in deinen Weihnachtsferien, dann liegen sie eine ganze Weile einfach nur rum, oder? Und dann lohnt es sich doch, darüber nachzudenken, diese Dinge zu verkaufen. Denn ihr könnt damit sehr viel Gutes tun. Organisiert einen Flohmarkt und verkauft das alte Zeug. Alles, was ihr verdient, könnt ihr einem Hilfsprojekt spenden.
UNICEF: *www.unicef.de*
Deutsches Rotes Kreuz: *www.drk.de*
Kinderzukunft, Rudolf-Walther-Stiftung: *www.kinderzukunft.de*
Weihnachten im Schuhkarton: *www.weihnachten-im-schuhkarton.de*
Save the Children Deutschland: *www.savethechildren.net*

Spendet eure alten Brillen

Wenn ihr oder jemand, den ihr kennt, eine neue Brille braucht, werft die alte nicht weg. Mehr als 200 Millionen Menschen dieser Welt brauchen eine und können sich keine leisten. Kinderbrillen werden besonders dringend benötigt. Ihr könnt die alten Brillen zu einem Optiker bringen. Die meisten kennen die Organisationen, die Brillen dahin bringen, wo sie gebraucht werden. Oder guckt mal ins Internet: *www.blindenhilfswerk.de.*

Armut in Deutschland

Auch in Deutschland gibt es viele Menschen, die sehr arm sind. Nur sehr wenige von ihnen müssen hungern, aber viele, die ihre Arbeitsstelle verloren haben, krank oder alt sind, können nicht mehr genug Geld verdienen, um sich eine warme Wohnung oder neue Schuhe zu leisten. Es sind vor allem Menschen ohne abgeschlossene Schul- und Berufsausbildung, die die Armut einholt. Sie bekommen keine Arbeit und werden auch öfter entlassen. Traurig ist auch, dass ein Viertel der Kinder armer Menschen als Erwachsene auch arm sein wird.

Heute leben etwa 1,5 Millionen Kinder in Deutschland in Armut. Viele von ihnen schämen sich dafür und würden es euch nicht verraten. Aber guckt euch mal ganz aufmerksam auf dem Schulhof oder im Bus um. Ihr werdet merken, dass ganz schön viele Kinder keine supercoolen Ranzen oder Anziehsachen haben. Jedes siebte bis achte Kind, das ihr seht, hat arme Eltern. Die müssen überall sparen. Mehr als ein Viertel der armen Mütter und Väter kann kein gutes Essen kaufen und verzichtet auf Gemüse und Fleisch. Stattdessen kommen oft Fast Food, Chips und Schokoriegel auf den Tisch. Entsprechend schlechter ist die Gesundheit der armen Familien. Fast die Hälfte aller armen Deutschen ist krank oder beantwortet die Frage, wie es ihnen geht, mit „schlecht".

Gute Ideen für Spenden- und Sammelaktionen

Spielt Weihnachtsmann und Ferienfee!

Viele Kinder freuen sich weder auf Weihnachten noch auf die Ferien, denn sie bekommen weder viele Geschenke noch fahren sie in Urlaub. Ihr könnt das ändern! Sammelt mit eurer Klasse oder euren Sportvereinen Geld. Ihr könnt dafür einen Flohmarkt organisieren und alles, was ihr für eure alten Sachen bekommt, spenden. Ihr könnt auch singen, tanzen, schauspielern und dazu Leute einladen, die natürlich Eintritt bezahlen. Wie ihr das Geld an die armen Menschen verteilt? Am besten fragt ihr da bei eurer Stadt nach. Auch Hilfswerke wie das Deutsche Kinderhilfswerk (*www.dkhw.de*) freuen sich über eure Hilfe.

Aktion Pausenbrot oder Mittagstisch

www.Stiftung-Mittagskinder.de verschafft Kindern in Hamburg eine warme Mahlzeit und auch eine Hausaufgabenbetreuung. Vielleicht könnt ihr in eurer Stadt zusammen mit einer großen Firma, eurem Sportverein oder eurer Gemeinde ebenfalls so eine Stiftung ins Leben rufen.

In vielen Städten geben Bäckereien und Supermärkte Lebensmittel, die noch in Ordnung sind, aber nicht mehr verkauft werden können, an die Hilfsorganisation „Die Tafel". Die verteilt das Essen an diejenigen, die sich den Einkauf von frischem Gemüse, Fleisch und Brot nicht leisten können. Ob es auch bei euch eine „Tafel" gibt, könnt ihr auf *www.tafel.de* lesen.

Brot und Wurst für die Welt – und zwar die ganze!

Jedes Jahr sterben auf der Welt etwa sieben Millionen Kinder, weil sie nicht genug zu essen haben. Was diese Schicksale noch trauriger macht, ist die Tatsache, dass auf der Welt eigentlich genug Nahrungsmittel hergestellt werden, um alle Menschen satt zu machen. Rein rechnerisch. Aber in Südostasien und in großen Teilen Afrikas geht diese Rechnung nicht auf. Denn hier gibt es besonders viele arme Menschen, die sich das Essen einfach nicht leisten können. Die meisten Lebensmittel gibt es somit in den Ländern, in denen Menschen sie bezahlen und kaufen können.

In den armen Ländern der Welt leiden etwa 900 Millionen Menschen an Krankheiten infolge von Unterernährung. Das sind elf Mal mehr Menschen, als in Deutschland wohnen. So sind in Mosambik zwei von drei Einwohnern unterernährt und damit schwer krank.

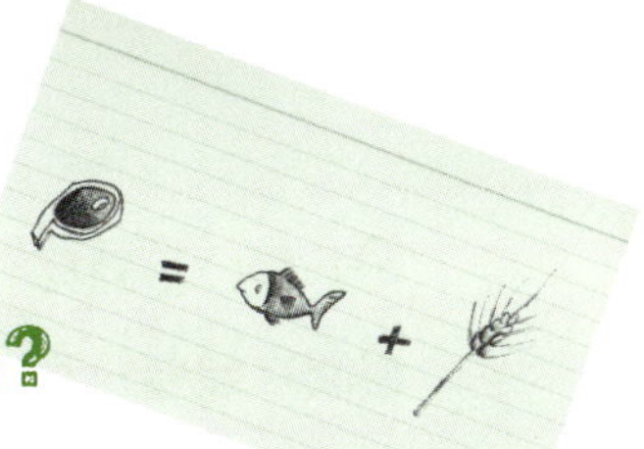

Was haben unsere Schnitzel mit dem Hunger der Welt zu tun?

Leider eine ganze Menge. Wir leben in Deutschland wie in ganz Europa im Überfluss. Wir essen hier doppelt so viel Fleisch, Eier und Fisch, verbrauchen doppelt so viel Öle und Fette wie der Rest der Welt. Dafür musste sich die Fleischproduktion auf der ganzen Welt enorm steigern.

Fleischproduktion heißt, dass Bauern rund um den Globus viel Land für Kühe, Schweine, Geflügel oder Schafe zur Verfügung stellen müssen. Das können sie oft nur, weil sie Wald abholzen. So ist die Viehwirtschaft eine der Hauptursachen für die Regenwaldzerstörung!

Die Tiere müssen aber auch essen und trinken. So braucht ein Rind etwa 100-mal mehr Wasser, um ein Kilo Fleisch zu geben, als ein Getreidefeld, um ein Kilo Mehl daraus zu machen. Seltsam, aber wahr: Die Viehherden futtern etwa ein Drittel der Fische, die auf der ganzen Welt gefangen werden. Und fast die Hälfte der gesamten Getreideernte.

Die Ungerechtigkeit besteht dabei darin, dass diese Tiere nur für uns gemästet werden. Wir Menschen aus den reichen Ländern essen nämlich das Fleisch, für das Wasser, Getreide und Fisch verschwendet wurden. Wie gerecht ist es also, dass ein Schnitzel nur einen von uns satt macht, dass aber viele andere dafür hungern und dursten müssen?

Wie kann der Hunger der Welt gestillt werden?

Eigentlich ist das Ziel, ausreichend Nahrung für alle Menschen herzustellen, schon fast erreicht. Die Landwirtschaft hat in den letzten 40 Jahren 170 Prozent mehr Getreide, Obst, Gemüse und Fleisch geliefert. Das ist fast zweieinhalb Mal so viel wie 1960, ohne dass die Erde größer geworden wäre.

Möglich ist das nur durch die sogenannte intensive Landwirtschaft. Sie pumpt ganze Grundwasserspeicher leer und behandelt Felder mit Chemikalien, damit darauf mehr Pflanzen wachsen können. Die Tiere schlucken Medizin und Hormone, um schneller groß zu werden. So darf das nicht weitergehen, sonst kann die Erde bald kein einziges Lebewesen mehr versorgen.

Aber wie kann den hungernden Menschen dann geholfen werden? Mit Gerechtigkeit, Umweltschutz und am besten vor Ort. Es gibt Hilfsorganisationen, die die Menschen unterstützen, indem sie ihnen nicht nur Lebensmittel geben, sondern auch das, was sie brauchen, um eigene Felder zu bewirtschaften. Sie bauen Brunnen oder bringen Landmaschinen. Sie helfen auch Betrieben und kleinen Unternehmen, damit sie Menschen einstellen und bezahlen, sodass sie sich Lebensmittel kaufen können. Zu diesen Organisationen gehören unter anderem auch Handelsgesellschaften, die sich für eine gerechte Bezahlung der Bauern einsetzen.

Wie funktioniert der gerechte Handel, der Fair Trade?

Händler kaufen den Bauern das Obst, den Kakao oder Tee ab und zahlen dafür angemessene und gerechte, also faire Preise. Da sie den Bauern mehr Geld bezahlen, müssen die fair gehandelten Produkte auch bei uns etwas teurer verkauft werden. Aber das lohnt sich. Denn erstens wissen wir dann, dass für unsere Banane oder Schokolade niemand auf der Welt hungern musste, und zweitens sind die meisten sogenannten Fair-Trade-Produkte biologisch angebaut. Die Fair-Trade-Organisationen bezahlen den Bauern nämlich mehr, wenn sie ihre Betriebe umweltschonend führen. So schützt der gerechte Handel auch die Umwelt.

Fairness ist die beste Hilfe

Diese Zeichen stehen auf Waren, die so fair gehandelt wurden, dass Menschen davon satt werden und in Würde leben können. In Deutschland und in ganz Europa sieht es so aus: Mehr über die Arbeit der fairen Organisationen findet ihr im Internet unter *www.transfair.org* und *www.gepa.de.*

FAIRTRADE

Helft den Großen gegen den Hunger der Welt

Große Hilfsorganisationen sind auf der ganzen Welt aktiv und unterstützen die Menschen bei ihrer Arbeit und im Kampf für ein besseres Leben. Auch ihr könnt ihnen helfen, indem ihr für sie Spenden sammelt. Ihr könnt zum Beispiel Bilder von fremden Ländern malen, sie ausstellen und verkaufen. Oder wie wäre es mit einer Ausstellung, mit der ihr zeigt, wo und wie Schokolade gemacht wird?
Es gibt viele Möglichkeiten, Geld zu sammeln, die euch Spaß machen und anderen helfen können. Das Geld könnt ihr Hilfsorganisationen geben. Alle großen Organisationen findet ihr unter: *www.venro.org/mitglieder.html.*
Das ist die Seite von VENRO, dem freiwilligen Zusammenschluss von privaten und kirchlichen Hilfsorganisationen.

Wie natürlich ist unser Essen?

Ist es nicht erstaunlich, wie herrlich bunt die Gemüse- und Obstkörbe in den Supermärkten gefüllt sind? Aber wieso gibt es Frühlingszwiebeln im Winter? Und Äpfel im Frühling? Äpfel und Birnen sind bei uns doch nur im späten Sommer reif. Von unseren Bauern kommen die also schon mal nicht. Die meisten kommen von weit her – Kiwis und Bananen sowieso. Die langen Reisen belasten die Umwelt, weil dabei viel Benzin verbrannt und dadurch CO_2 freigesetzt wird. Kommen sie aus Europa, sind sie in Gewächshäusern gewachsen, die auch im Winter so stark geheizt werden, dass darin immer Sommer ist. Auch das braucht viel Energie.

Viel Strom und Benzin verbrauchen auch beliebte Lebensmittel wie Pommes, Pizza und Fischstäbchen. Sie werden in großen Fabriken gekocht, tiefgekühlt, verpackt und dann in Supermärkte gefahren. Das geht auch anders. Nämlich selbst gekocht mit Bio.

Was ist Bio-Anbau oder ökologischer Anbau?

Immer mehr Deutsche kaufen die sogenannten Bio-Produkte. Gab es sie noch vor wenigen Jahren nur in wenigen ausgewählten Geschäften, könnt ihr heute Bio-Äpfel und -Möhren in jedem Supermarkt finden. Von außen betrachtet sehen diese nicht viel anders aus als die, die von anderen Bauernhöfen stammen. Doch Bio-Bauern verzichten weitestgehend auf Gifte gegen Krankheiten, Insekten und Pilze, die den Pflanzen schaden könnten. Sie nehmen stattdessen schädliche Insekten wie den Kartoffelkäfer einfach mit den Händen von ihren Pflanzen.
Sie säen und ernten auch hauptsächlich solche Pflanzen, die hier zu Hause

sind. Die sind an Wind und Wetter angepasst und somit auch weniger für Krankheiten anfällig. Bio-Bauern gehen mit Boden, Wasser, Pflanzen und Tieren schonend um. Das heißt auch, dass sie auf große, schwere Landmaschinen verzichten, die unsere Umwelt belasten. Sie füttern ihre Tiere mit dem Futter, das zu ihnen passt, und nicht mit Fischabfällen oder Kraftfutter aus Fabriken. Das klingt nach mehr Arbeit für die Bauern und das ist es auch. Deswegen sind Bio-Produkte auch etwas teurer als die anderer Anbieter.

Sind Bio-Bauern Umweltschützer?

Ja, denn sie arbeiten umweltschonend und verzichten auf künstliche Düngemittel und Pestizide. So bleiben Boden, Wasser und Luft sauber. Nutztiere haben Auslauf, Stroh im Stall und bekommen Bio-Futter. Jeder Quadratmeter, der ökologisch bewirtschaftet wird, ist ein Gewinn. Und deswegen lohnt es sich, beim Einkauf auf die Bio-Siegel zu achten.

Die Siegel der Bioverbände

Das Bio-Siegel der EU

Wann wächst was?

Wer Obst und Gemüse bevorzugt, das bei uns wächst, verbraucht pro Kilogramm neunmal weniger Erdöl als jemand, der im Winter frisches Gemüse aus dem Treibhaus kauft. Heimische Winteräpfel wie Rambor oder Goldparmäne haben sogar deutlich mehr Vitamine als neuseeländische Granny Smith. Und sie halten, im Keller gelagert, bis ins Frühjahr. Wer jedoch im Winter auf besonders vitaminreiche Früchte nicht verzichten will, um sich zum Beispiel vor Erkältungen zu schützen, der sollte reife Orangen und Grapefruits aus ökologischem Anbau kaufen. Das ist dann wenigstens ein kleines Trostpflaster für die Umwelt.
Weil aber viele Leute nicht mehr wissen, was genau zu welcher Jahreszeit bei uns natürlich wächst, geben wir euch auf der rechten Seite eine Übersicht.

Obst, Nüsse, Gemüse	Jan	Feb	Mär	Apr	Mai	Jun	Jul	Aug	Sep	Okt	Nov	Dez
Äpfel	x	x	x	x				x	x	x	x	x
Aprikosen						x	x	x				
Auberginen						x	x	x	x	x		
Birnen								x	x	x	x	
Blumenkohl					x	x	x	x	x	x	x	
Bohnen						x	x	x	x	x		
Brokkoli						x	x	x	x	x	x	
Brombeeren							x	x	x			
Champignons	x	x	x	x	x	x	x	x	x	x	x	x
Eisbergsalat				x	x	x	x	x	x	x	x	
Endivien						x	x	x	x	x	x	
Erbsen						x	x					
Erdbeeren					x	x	x					
Esskastanien	x								x	x	x	x
Feldsalat	x	x					x	x	x	x	x	x
Gurken					x	x	x	x	x	x		
Haselnüsse	x								x	x	x	x
Heidelbeeren							x	x				
Himbeeren						x	x	x	x			
Johannisbeeren						x	x	x				
Karotten						x	x	x	x	x	x	x
Kartoffeln	x	x	x	x	x	x	x	x	x	x	x	x
Kirschen, sauer							x	x	x			
Kirschen, süß						x	x	x				
Kohlrabi					x	x	x	x	x	x	x	
Kresse	x	x	x	x	x	x	x	x	x	x	x	x
Kürbis	x							x	x	x	x	x
Lauch	x	x	x	x	x	x	x	x	x	x	x	x
Melonen						x	x	x	x	x		
Paprika						x	x	x	x	x	x	
Petersilie	x	x	x	x	x	x	x	x	x	x	x	x
Pfirsiche / Nektarinen						x	x	x	x	x		
Pflaumen							x	x	x	x		
Radieschen				x	x	x	x	x	x	x		
Rhabarber				x	x	x						
Rosenkohl	x	x	x						x	x	x	x
Rotkohl	x	x	x						x	x	x	x
Salat (diverse)				x	x	x	x	x	x	x	x	
Schnittlauch	x	x	x	x	x	x	x	x	x	x	x	x
Spargel				x	x	x						
Spinat				x	x	x	x	x	x	x	x	
Stachelbeeren					x	x	x					
Tomaten				x	x	x	x	x	x	x	x	
Walnüsse	x								x	x	x	x
Zwiebeln	x	x	x	x	x	x	x	x	x	x	x	x

Kauft die Äpfel aus Nachbars Garten!

Die Tabelle auf der vorigen Seite hilft euch, die Obst- und Gemüsesorten zu erkennen, die hier gewachsen sind. Wenn ihr sie kauft, helft ihr der Umwelt und auch eurer Gesundheit. Denn in frischem Grünzeug, das nicht um die halbe Welt gereist ist, stecken viel mehr Vitamine!

Gesundheit!

Zu einer gesunden Ernährung gehören mehr Obst und Gemüse als Fleisch. Die Deutsche Gesellschaft für Ernährung hat eine Pyramide gezeichnet, an der ihr ablesen könnt, was ihr für eine gesunde Ernährung braucht. Die ist auch für die Umwelt gut, denn alle hier empfohlenen Lebensmittel gibt es auch vom Bio-Bauern!

Die Ernährungspyramide zeigt euch, was zu einer gesunden Ernährung gehört.

Wie kommen Äpfel und Bananen in Fläschchen? Und warum?

Obst in kleinen bunten Fläschchen – das scheint der neueste Trend der Lebensmittelindustrie zu sein. Hier steckt die Tagesdosis an Vitaminen drin, wirbt sie. Was ist dran beziehungsweise drin? Vitamine auf jeden Fall, aber auch jede Menge Energie, Wasser und Müll. Denn das Obst und Gemüse, das die Fabriken zu Fruchtbrei machen, muss ja erst von den Feldern in die Fabriken gebracht werden, wo es von Maschinen gewaschen, klein gehackt und in die kleinen Döschen gepackt wird. Die kleinen Gefäße aus Kunststoff werden übrigens in einer anderen Fabrik hergestellt und auch per Lkw angeliefert. Nun kommt das fertige Produkt wieder auf Laster und in den Supermarkt. Spätestens hier sollte sich jeder fragen: Wieso kaufen Menschen das in Plastikdöschen, was im selben Laden als frische Früchtchen angeboten wird? Die stecken auch voller Vitamine, sind aber wesentlich umweltfreundlicher, weil sie nicht so aufwendig verarbeitet wurden. Und gesünder sind sie auch.

Slow Food statt Fast Food

Das Essen auf die Schnelle hat langwierige Folgen für die Welt. Denn für Fast Food, das ihr in bunten Restaurants und Imbissstuben essen könnt, wird viel Fleisch verbraucht. Aber auch viel Verpackungsmaterial. Jeder Hamburger, jede Pommes-Portion und jedes Getränk, sogar die winzigen Portionen Ketchup, Mayonnaise oder Salz, sind einzeln verpackt. Wenn ihr aufgegessen habt, werft ihr einen Haufen Müll in eine große Tonne. Wenn ihr gerne außer Haus esst, geht mit euren Freunden oder der Familie lieber schön aus. Sucht euch ein Restaurant, in dem leckeres Essen gekocht wird, der Koch im Bio-Supermarkt einkauft und das Geschirr hübsch anzusehen ist. Das könnt ihr dann mit allen Sinnen und gutem Gewissen genießen.

Luft zum Atmen – die gute Atmosphäre auf der Erde

Erwachsene sagen oft „Man kann doch nicht nur von Luft und Liebe leben", wenn sie meinen, dass jemand nicht genug arbeitet, um Geld für seinen Lebensunterhalt zu verdienen. Da ist was dran. Wir brauchen Essen, Trinken und was zum Anziehen. Aber: Ohne Luft und Liebe geht gar nichts. Die Luft umhüllt unsere Erde und ermöglicht hier alles Leben: Sie versorgt Tiere und Menschen mit Sauerstoff, Pflanzen mit Kohlendioxid. Sie filtert sogar gefährliche Strahlen aus dem Weltall und bestimmt zusammen mit der Sonne über die Temperatur der Welt. Wie das geht? Im Schichtdienst sozusagen.

Den Erdball umhüllen fünf Schichten, von denen jede eine wichtige Aufgabe erfüllt. Die Luft, die wir atmen, kommt aus der Troposphäre. Diese Schicht ist an den Polen etwa 8.000 Meter dick, am Äquator etwa doppelt so dick. Das klingt nach viel, ist es aber nicht. Gemessen an der Größe der Erde ist sie sogar sehr dünn. Für einen Riesen aus dem Weltall würde unsere Erde nämlich wie eine Orange aussehen und ihre Lufthülle so zart wie das Papier sein, in das Orangen manchmal gewickelt sind. Das sollten sich alle Menschen mal klarmachen: Von dieser so gesehen hauchdünnen Hülle hängt unser Leben ab! Auch wenn es von hier unten manchmal so aussieht, als hätten wir Luft im Überfluss, sieht das von oben ganz anders aus. Wir müssen auf diese dünnste aller Schichten aufpassen und aufhören, sie zu verschmutzen.

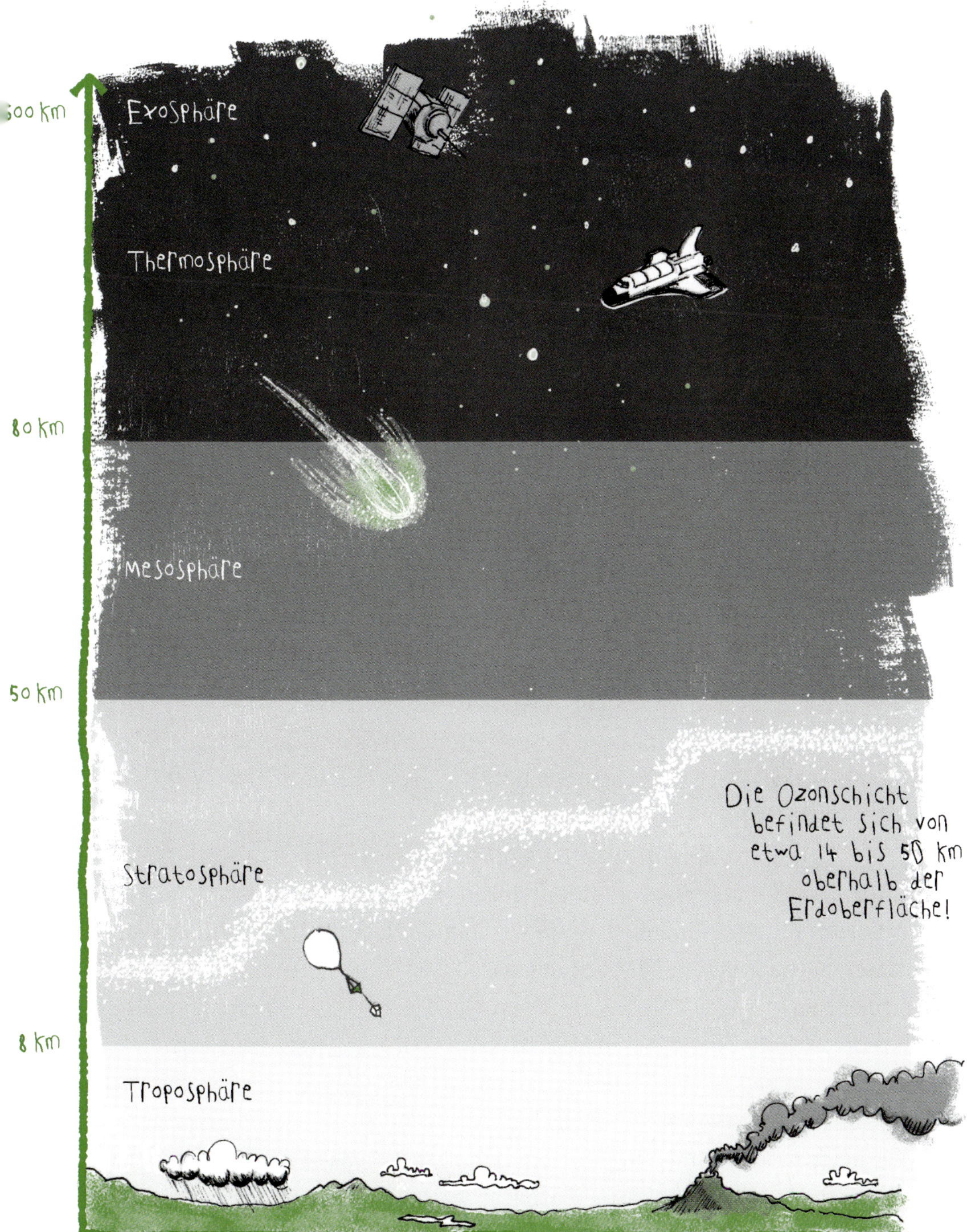

Diese Luftschichten umhüllen unsere Erde.

Eine ganz besondere Schicht – die Ozonschicht

Hoch über unseren Köpfen, in etwa 14 bis 50 Kilometern Höhe, schwebt die Ozonschicht. Sie ist der Schutzmantel, ohne den das Leben von Pflanzen und Tieren vollkommen unmöglich wäre. Denn sie hält die UV-Strahlen der Sonne ab, die ansonsten alles verbrennen würden, was sie berühren. Merkwürdigerweise reißen ausgerechnet wir Menschen nun große Löcher in diesen Schutzmantel. Wir pusten Gase in die Luft, die mit dem Ozon reagieren und es vernichten. Über den beiden Polen unserer Erde sind schon gefährlich große Löcher entstanden.

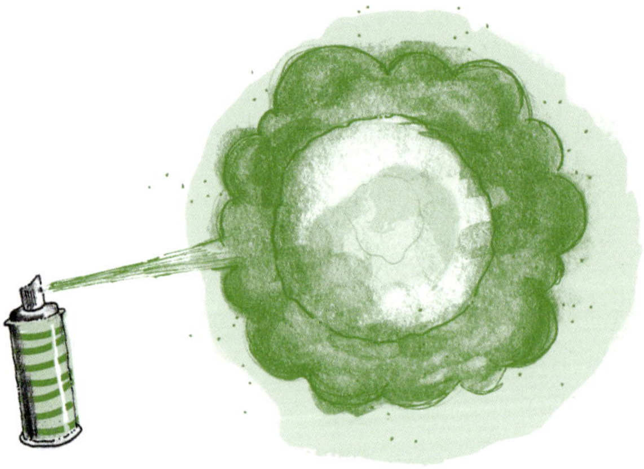

Traurig, aber wahr: Wegen Kühlschränken, Klimaanlagen und Spraydosen riskieren wir die Gesundheit der Welt. Denn Kühlmittel für Eisschränke und Gase, die Haarsprays oder Deos aus den Dosen drücken, wurden bis vor wenigen Jahren aus FCKW gemacht. Heute sind diese Fluorchlorkohlenwasserstoffe verboten, denn wir wissen, dass sie Ozonkiller sind. Sie steigen langsam in den Himmel, werden da von den UV-Strahlen zersetzt und vernichten wiederum die Ozon-Moleküle. Wir haben so viel von diesem Ozonkiller produziert, dass in den nächsten Jahrzehnten immer noch FCKW in die Ozonschicht dringt und große Löcher in sie reißt. Aufhalten können wir diesen Prozess nicht mehr. Wir können nur dafür sorgen, dass sich keine neuen Ozonkiller auf den Weg nach oben machen.

Durchblick beim Ozon

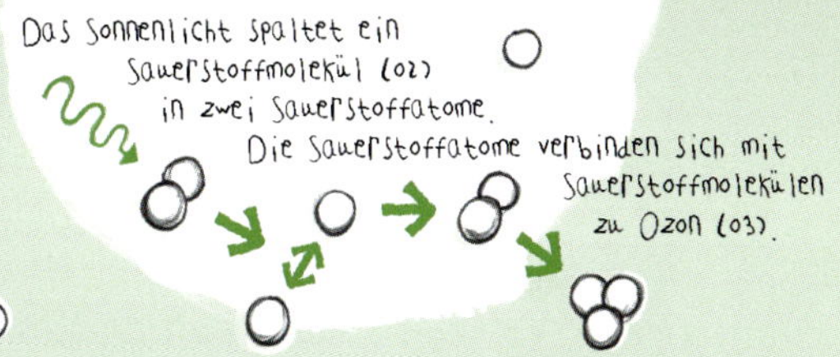

Stoppt schädliches Ozon!

Ozon ist ein Gas, das aus drei Sauerstoffmolekülen besteht. Es schwebt nicht nur über unseren Köpfen, sondern entsteht auch hier unten auf der Erde, vor allem an heißen Tagen bei starkem Autoverkehr. Leider wandert dieses Ozon nicht nach oben und stopft die Löcher über den Polen. Es bleibt auf der Erde und lässt Pflanzen, Tiere und Menschen erkranken. Unterhalb von 14 Kilometern trägt Ozon sogar zur Klimaerwärmung bei.

Geht also an heißen Tagen am besten zu Fuß oder fahrt mit dem Rad. Das erspart der Welt nicht nur stinkende Abgase, sondern auch Ozon. Ihr werdet so aus eigener Kraft zu Kämpfern gegen das Waldsterben und schützt die Gesundheit der Menschen.

Helft dem nützlichen Ozon!

Also bitte nur dem im Himmel. Das könnt ihr hier auf Erden tun: Schreibt dem Umweltminister einen Brief. Er soll Betriebe stärker kontrollieren, die unsere alten Kühlschränke entsorgen. Denn hier entweicht immer noch viel zu viel des Ozonkillers in die Luft. Im Vergleich zu Österreich oder Luxemburg, wo fast alle FCKW-Produkte schadlos entsorgt werden, sind es in Deutschland noch nicht mal die Hälfte. Lediglich 45 Prozent der FCKW-haltigen Kühlschränke wurden in den letzten Jahren ordentlich entsorgt. Die Adresse des Umweltministers: Bundesumweltministerium, 11055 Berlin

Und schützt euch!

Schützt euch vor den UV-Strahlen, die die Ozonschicht nicht mehr ausbremsen kann. Das müsst ihr in Zukunft immer besser machen, denn wenn der Ozongehalt der schützenden Schicht weiterhin abnimmt, steigt das Risiko, an Hautkrebs zu erkranken, stark an. Dagegen helfen im Sommer ein T-Shirt, ein Sonnenhut und ganz viel Sonnencreme.

Wer macht die Luft schmutzig?

Wenn Vulkane ausbrechen, schleudern sie Asche und Gase bis zu 70 Kilometer hoch in die Luft. Auch der Rauch von Waldbränden verschmutzt die Luft mit Tonnen von Kohlenstoff und Ruß. Waldbrände kommen manchmal wegen Blitzen oder anderen natürlichen Auslösern zustande. Sehr oft aber auch wegen Menschen: So roden vor allem arme Bauern in Asien oder Südamerika den Wald durch Verbrennen, um schnell Ackerland zu gewinnen. Aber auch gierige Menschen, die schnell reich werden wollen, zünden Wälder an, um da Rinder weiden zu lassen oder Plantagen anzulegen.

Wir alle sind leider sehr schlimme Luftverschmutzer. Und das schon seit langer Zeit. Vor etwa 150 Jahren begannen unsere Fabriken, und später Autos und Flugzeuge, Abgase in die Luft zu pusten. Die meisten Abgase sind giftig. Immer wenn ihre Namen mit „…oxid" enden, könnt ihr sicher sein, dass zu viel davon ungesund ist. Dazu gehören Kohlenoxide wie Kohlendioxid und Kohlenmonoxid. Sie werden von Motoren, Maschinen, Fabriken, Heizungen und Kraftwerken erzeugt. Ebenso Stickstoffoxide, wobei Stickstoffdioxid beim Düngen der Felder, im Straßenverkehr oder in Fabriken entsteht. Kohlekraftwerke produzieren neben Strom und Wärme auch noch Schwefeloxide. Zu all diesen giftigen Oxiden gesellen sich Schmutzpartikel aus den Auspuffrohren der Autos und aus Fabrikschloten. Sie bestehen aus winzigen Metallstückchen, Sandkörnern, Salzen oder Ruß und machen Menschen, die sie einatmen, krank.

Baut euer eigenes Messzentrum für Smogalarm

Was ihr dafür braucht:

- Acht neue Gummibänder
- Zwei dünne Kleiderbügel aus Draht
- Eine Plastiktüte
- Eine Lupe

Und so geht's:

Biegt beide Kleiderbügel zu einem Rechteck und spannt die Gummibänder darüber. Einen der Gummiband-Bügel hängt ihr draußen im Schatten auf. Nicht in die Sonne! Diese verfälscht eure Messergebnisse. Den anderen packt ihr in die Kunststofftüte und legt ihn an einen sicheren Ort, zum Beispiel unters Bett oder auf den Schrank.

Nun müsst ihr nur noch eine Woche warten. Dann schaut ihr euch die Gummibänder der beiden Bügel an. Sind die von draußen rissig oder gar kaputt? Dann herrscht bei euch wirklich dicke Luft: Smog. Denn nur eine starke Luftverschmutzung lässt Gummi so schnell kaputtgehen. Saubere Luft schafft das erst in einigen Monaten.

Vergleicht die Gummibänder von draußen mit denen von drinnen. Spannt sie und prüft auch mit der Lupe, ob es Unterschiede gibt. Sehr wahrscheinlich sind die von drinnen in einem besseren Zustand, weil sie nicht unter der Luftverschmutzung leiden mussten.

Tipps für mehr frische Luft!

Geht zu Fuß und fahrt mit dem Rad.

Wenn ihr euch aus eigener Kraft fortbewegt, entstehen garantiert keine Schadstoffe.

Fahrt mit dem Bus.

Ein Bus bringt genauso viele Menschen ans Ziel wie 40 Autos.

Setzt euch in den Zug.

Für längere Reisen sind Züge die beste Erfindung, seit es Räder gibt. Sie belasten im Vergleich zu Autos und Flugzeugen die Welt am wenigsten mit Schadstoffen. Und das Beste dabei: Wenn ihr mit euren Eltern Zug fahrt, habt ihr alle zusammen mehr Spaß. Ihr könnt spielen, lesen, euch unterhalten und kommt alle entspannt an.

Pflanzt einen Baum.

Bäume sorgen für viel frische Luft. Die feinen Haare auf ihren Blättern binden den Staub, sogar den giftigen Feinstaub, den Dieselmotoren und Fabriken in die Luft pusten. Da Linden besonders lange Härchen haben, sind sie prima Staubfilter. Bäume funktionieren aber auch wie Wasserpumpen: Sie holen mit ihren Wurzeln das Wasser aus dem Boden und geben es über die Blätter an die Luft ab. Wenn ihr im Wald seid, dann merkt ihr das an der kühlen und erfrischenden Luft.

Weniger ist oft mehr.

Abgase entstehen auch, wenn Fabriken immer mehr Neues machen müssen. Zum Beispiel Spielsachen: Sie werden tonnenweise in China produziert und dann in die Geschäfte gebracht. Ihr könnt diesen sogenannten Warenfluss langsamer fließen lassen, indem ihr nicht jeden Flummi oder Plastikkram mitnehmt, den ihr seht. Oft meint man ja, die bunten, schrillen und witzigen Kleinigkeiten unbedingt haben zu müssen. Erst recht, wenn sie vom eigenen Taschengeld bezahlt werden können. Aber guckt euch mal in euren Zimmern um: Wie viele dieser kleinen Mitbringsel verstauben seit Monaten in Ecken und Kisten? Spart lieber euer Geld und kauft euch was Großes, zum Beispiel ein Spiel, das ihr mit der ganzen Familie spielen könnt.

Oder macht mal ein Experiment: Steckt all das Geld, das ihr in der Woche für billiges Spielzeug ausgeben wollt, in eine Spardose. Am Ende des Monats oder des Jahres könnt ihr es einer Umweltschutzorganisation oder einem Kinderhilfswerk spenden und damit viel Gutes tun.

Was treibt der Treibhauseffekt?

Stellt euch vor, ihr sitzt in einem Treibhaus. Die Wände um euch herum sind aus Glas, sogar das Dach. Alle Sonnenstrahlen kommen zu euch rein, aber sie kommen nicht mehr raus. Es wird immer wärmer. Das ist der berühmte Treibhauseffekt. Auf der Erde funktioniert der so, dass das Kohlendioxid, der Wasserdampf und Gase wie Methan, Fluorkohlenwasserstoffe und Lachgas die Wärme auf der Weltkugel halten wie das Glas die Sonnenwärme in einem Gewächshaus. Und das machen die Gase gut. Denn ließen sie die Wärme zurück ins All, wäre es bei uns viel kälter: Genau genommen hätten wir immer frostige minus 18 Grad Celsius.

Dank des Treibhauseffekts haben wir im Durchschnitt auf der Welt eine Temperatur von plus 15 Grad Celsius. Diese Durchschnittstemperatur berechnen Meteorologen, indem sie an mehreren Messstationen die Temperatur messen: am Nord- ebenso wie am Südpol, rund um den Äquator, in vielen Ländern und sogar Meeren auf der Süd- und Nordhalbkugel. Alle diese Werte zählen sie zusammen und teilen sie durch die Anzahl der Messstationen.

Leider pusten die Menschen selbst viele Treibhausgase ins Treibhaus. Zudem wird weltweit der Regenwald abgeholzt und abgebrannt, um neue Flächen für die Landwirtschaft zu schaffen. Das setzt nicht nur Kohlendioxid frei, sondern zerstört auch die Lebewesen, die Kohlendioxid binden, die Bäume. Und das hat Folgen für die Temperatur der Welt.

Das Treibhaus-Experiment

Wollt ihr wissen, wie schnell die Sonne ohne schützende Luftschichten eine kleine Welt aufheizt? Was ihr für diese winzige Welt im Treibhausexperiment braucht, sind:

- Zwei schwarze, mit Wasser befüllte Filmdöschen (Wenn ihr zu Hause keine habt, dann fragt mal bei einem Fotofachgeschäft nach – die geben euch gerne welche.)
- Zwei Thermometer
- Ein Wasserglas

Stellt die Filmdöschen ohne Deckel in die Sonne und stülpt das Wasserglas über eins der Döschen. Messt mit den Thermometern alle fünf Minuten die Temperatur des Wassers und tragt sie in die Tabelle ein. Vorsicht: Das Wasser wird sehr heiß!

Zeit	Temperatur Dose 1 (°C)	Temperatur Dose 2 (°C)

Was genau ist Kohlendioxid bzw. CO_2?

Das Gas entsteht, wenn organische Stoffe – also Holz, Kohle oder Erdöl – verbrennen. Auch der menschliche Körper ist eine Verbrennungsmaschine. Wenn er seine Muskulatur bewegt, verbrennt er Zucker und scheidet über die Atmung Kohlendioxid aus. CO_2 ist kein giftiges Gas, es schadet nur dann der Umwelt, wenn zu viel davon in der Atmosphäre ist und sich diese dadurch nicht mehr abkühlen kann. Und das ist leider der Fall. Denn Kohle, Erdöl und Erdgas bewegen unsere Motoren und Maschinen, beheizen und erleuchten ganze Städte. Um ihre Energie zu gewinnen, verbrennen wir sie. Dabei entsteht jede Menge Kohlendioxid, häufig auch einfach kurz CO_2 genannt. Neben anderen Treibhausgasen, wie zum Beispiel Methan, machen Wissenschaftler dieses Gas für die Klimaerwärmung verantwortlich.

Dieses Bild zeigt, wie der Treibhauseffekt auf der Erde funktioniert.

Wer oder was heizt unserer Erde noch ein?

„Was hat mein Schnitzel mit dem Wetter zu tun?" – so könnte dieses Kapitel auch heißen. Die Antwort lautet: eine ganze Menge! Immer wenn wir Fleisch essen, sollten wir bedenken, dass für die Ernährung der Kühe und Schweine wertvolles Getreide verfüttert wurde, das viele Menschen hätte satt machen können. Aber nicht nur das. Wenn die Kühe fressen, entsteht bei der Verdauung im Rindermagen das Gas Methan. Es ist zwanzigmal so klimaschädlich wie Kohlenstoffdioxid. Wenn eine Kuh verdaut, produziert sie über 300 Liter Methan pro Tag. Je mehr Kühe wir also halten, desto mehr verstärken wir den Treibhauseffekt.

Nicht zum Lachen ist auch das Lachgas. Dieses Treibhausgas ist neben Kohlendioxid und Methan am stärksten an der Klimaerwärmung beteiligt. Es kommt, genau wie Methan, zu großen Teilen in der Landwirtschaft vor, wo es als Düngemittel eingesetzt wird. Hinzu kommt, dass für Äcker und Kühe immer mehr Wald gerodet wird. Wälder speichern Kohlendioxid. Werden sie abgeholzt, gelangt das Treibhausgas wieder in die Atmosphäre. Und da in den ehemaligen Wäldern immer mehr Rinder grasen und verdauen, ist die Landwirtschaft ein wahrer Durchlauferhitzer fürs Klima.

Genießen mit gutem Gewissen!

Fleisch ist für eure Gesundheit sehr wichtig. Ihr braucht es, um zu wachsen und fit zu sein. Zweimal die Woche ein Schnitzel oder eine Wurst versorgt euren Körper mit allem, was er braucht.

Die Warnungen und Forderungen der Klimaforscher

- Die globale Erwärmung lässt sich nicht sofort stoppen, aber mildern, wenn alle Länder Klimaschutzmaßnahmen einleiten.
- Auf der südlichen Halbkugel wird weniger Regen fallen und der Wasservorrat für Menschen und Tiere könnte knapp werden. Auch für die Landwirtschaft gäbe es nicht genug Wasser, sodass die Versorgung mit Lebensmitteln problematisch werden könnte.
- Die Pflanzen- und Tierwelt wird sich stark verändern. Einige werden schlicht umziehen – wie die Mondfische. Die sind bereits jetzt vom Äquator vor die englische Küste gezogen, wo es mittlerweile für sie warm genug zum Leben ist. Andere werden ihren Lebensraum verlieren und schwerlich einen anderen finden – wie zum Beispiel Eisbären und Polarfüchse.
- Wenn die Menschen so weitermachen wie bisher, schmilzt bis zum Ende des 21. Jahrhunderts das Eis am Nordpol. Einige Forscher rechnen damit, dass bereits ab 2050 die Arktis im Sommer eisfrei sein wird.
- Das Wasser der Gletscher wird schmelzen und ins Meer fließen. Dadurch kann in den nächsten 100 Jahren der Meeresspiegel um bis zu 90 Zentimeter ansteigen.

Wettbewerbe für kleine und große Klimaschützer

Es gibt viele Aktionen, bei denen ihr mitmachen und sogar viel gewinnen könnt. Hier stellen wir euch einige vor:

Klima on ... s'cooltour

Ein Aufsatz, ein Spiel, eine Umweltkampagne: In welcher Form Schüler das Thema Klimaschutz aufgreifen, ist egal. Bei der vom Umweltbundesamt (UBA) unterstützten Aktion „klima on ... s'cooltour" werden alle möglichen kreativen Projektideen gesucht. Teilnehmen können Schüler von der 5. bis 13. Klasse. Infos dazu findet ihr unter: *www.scooltour.info/home.php*

Klimaretter – der Wettbewerb

Dies ist ein Wettbewerb, bei dem ihr nicht nur ein sattes Preisgeld gewinnen könnt, sondern auch viel zum Thema Klimaschutz lernt. Sogar mehr als das: Profis zeigen euch, wie ihr Kampagnen organisiert und eure Überzeugungskraft stärkt. *www.klimaretter-sh.de*

Global Warning – Wettbewerb der BUNDjugend

Hier könnt ihr das Klima retten und coole Preise gewinnen: *www.global-warning.de*. Die Gewinner des letzten Wettbewerbs hatten neben einem Schulgarten, der Lebensraum für viele bedrohte Pflanzen- und Tierarten bietet, auch ein erfolgreiches Projekt zum Wassersparen in der Schule durchgeführt. Sogar eine Solartankstelle für Rasenmäher haben die Schüler gebaut!

Den Wald trotz – oder gerade wegen! – der vielen Bäume sehen

Früher sah man den Wald mit anderen Augen. Er war lediglich eine schier unerschöpfliche Quelle für Bau- und Brennmaterial. Häuser und Möbel, aber auch Heizung und Hygiene waren ohne Holz kaum denkbar. Heute wissen wir, dass Wald aber viel mehr ist als der nächste Tisch oder Warmwassererhitzer.

Wald ist ein riesiger Schadstofffilter, der unsere Abgase aus der Luft holt. Er speichert auch Wasser und schützt den Boden davor, dass Wind und Wetter ihn abtragen. Wald schützt sogar das Leben in unseren Siedlungen. Im Gebirge hält er Schnee- und Steinlawinen auf, bevor sie im Tal großen Schaden anrichten. In den Städten sorgen Wälder, auch wenn sie auf die überschaubare Größe von Parks zusammengeschrumpelt sind, für bessere Luft, im Sommer sogar für angenehme Temperaturen. Wälder sind zudem ein riesiger Medizinschrank, denn viele Medikamente werden aus Waldpflanzen gewonnen. Ist es da nicht unvorstellbar erbärmlich, dass täglich mehr als 270.000 Bäume auf der Welt für Klopapier gefällt werden?

Wald als grüne Klimaanlage

Der Wald ist die perfekte Klimaanlage. Er gilt als CO_2-Senke, weil er der Atmosphäre Kohlendioxid entzieht, das maßgeblich zur Klimaerwärmung beiträgt. Bäume holen sich das Gas aus der Luft, um zu wachsen und zu gedeihen. Sie binden es für eine gewisse Zeit, sodass es das Klima nicht beeinflussen kann.
Was viele nicht wissen: Das CO_2 bleibt im Holz, auch wenn es gefällt und zu Möbeln oder Holzhäusern verarbeitet wird. Wissenschaftler rechnen vor, dass allein in Deutschlands Wäldern, Möbeln, Dachstühlen und anderen Holzprodukten schätzungsweise zehn Milliarden Tonnen des Klimakillers CO_2 gebunden sind.

Fast überall, außer in Europa, den USA und China, schwinden die Wälder. Aber auch hier ist das Waldwachstum nur ein kleiner Trost. Denn in den USA und in China werden Naturwälder gerodet und durch Plantagen ersetzt. Die können weder so viel CO_2 speichern wie die alten, natürlichen Wälder noch bieten sie Tieren und Pflanzen ein sicheres Zuhause.

Regenwald – das grüne Band rund um den Äquator

Regenwälder zogen sich vor wenigen Jahren noch wie ein Band rund um den Äquator. Eine grüne Bauchbinde für unsere kugelige Welt. Leider bekommt sie immer mehr Löcher. Menschen zerstören die Regenwälder der Erde auf der Suche nach Erdöl und Gold. Die Straßen fressen sich immer tiefer in die Wildnis. Auch die schönen, harten Tropenhölzer des Regenwaldes locken immer mehr Zerstörer an. Aus altehrwürdigen Baumriesen wie Mahagoni und Teak werden Möbel, Fenster und Klobrillen gemacht. Der Urwald muss Rindern weichen, Platz machen für Weideland und Plantagen. Darauf wachsen dann Ölpalmen, Soja, Bananen und andere tropische Früchte, die in Europa immer beliebter werden. Für einen Grillabend mit Freunden, Orangensaft und Steaks, stilvoll und gemütlich auf Gartenmöbeln aus Teak, zerstören wir den Lebensraum von unzähligen Tier- und Pflanzenarten. Unzählig ist hier wörtlich gemeint: Denn mit den Regenwäldern verschwinden viele bisher unerforschte Pflanzenarten, Insekten, Säugetiere und Reptilien.

Die grüne Bauchbinde der Erde hat mittlerweile sehr große Löcher. Jedes Jahr, jeden Monat, jede Woche, sogar an jedem einzelnen Tag werden sie größer. Denn in der Minute, in der ihr diese wenigen Sätze lest, werden irgendwo auf der Welt 6.000 Bäume gefällt. Wenn es nicht gelingt, diese Entwicklung zu stoppen, werden die Wälder der Welt in 30 bis 40 Jahren verschwunden sein.

Helft dem Weltforstrat

Ihr könnt etwas für den Regenwald tun: Kauft immer nur Holzprodukte, die das Siegel des FSC haben. Der Weltforstrat hat sich dieses Kürzel als Namen gegeben und prüft, wie umweltfreundlich und -schonend das Holz beziehungsweise der Wald, aus dem es stammt, bewirtschaftet wurde. Achtet darauf, dass unter dem Siegel des FSC auch eine Kontrollnummer steht. Die garantiert die Echtheit des Siegels, weil ihr sie im Zweifel nachprüfen könnt. Informationen dazu findet ihr unter *www.fsc-deutschland.de*.

FSC

Ohne Wüste kein Regenwald!

Rund 240 Millionen Tonnen Sahara-Staub weht der Wind jährlich von Afrika nach Südamerika. Jedes Sandkorn fällt dabei auf fruchtbaren Boden. Forscher haben herausgefunden, dass die Staubschicht, die über den Atlantik geweht wird, ein wertvoller, natürlicher Dünger ist. Ohne ihn würde das empfindliche ökologische Gleichgewicht des Regenwaldes am Amazonas kollabieren. Jedes Staubkorn fliegt etwa 5.000 Kilometer weit. Umso erstaunlicher ist es, dass jedes Jahr im Schnitt 50 Millionen Tonnen Südamerika erreichen. Etwa die Hälfte des Staubes stammt aus dem Tschad. Das wussten die Forscher schon länger. Dass aber so viel davon den langen Flug schafft, haben sie erst jetzt mithilfe der NASA-Satelliten Terra und Aqua messen können.

Sägen und „saurer Regen“

So wie jedes Sandkorn aus der fernen Wüste Afrikas wichtig für den Regenwald in Südamerika ist, ebenso wichtig und folgenschwer ist alles, was wir Menschen tun. Wir spielen den Wäldern seit über 100 Jahren übel mit. Alles begann mit dem Abholzen. Für Brenn- und Bauholz rodeten wir ganze Wälder. Dann wollten wir mehr davon und pflanzten Bäume, die schnell wachsen. Statt Eichen und Buchen wuchsen in unseren Wäldern fortan vor allem Fichten und Tannen. Aber auch das war nicht genug.

Bis heute verbrauchen wir mehr Holz, als bei uns wächst. Und so müssen die Wälder Schwedens, Finnlands, Russlands und Kanadas herhalten. Aus ihnen werden übrigens weniger Möbel als Telefonbücher, Toilettenpapier und bunte Servietten gemacht. Aber nicht nur für unseren Papierverbrauch sterben viele Bäume, auch für warme Zimmer, bequeme Reisen und hübsche Spielsachen. Denn unsere Fabriken und Kraftwerke verbrennen wie alle Motoren Kohle und Öl. Dabei setzen sie giftige Gase frei, zu denen sich die Gifte aus den Autoauspuffen gesellen. Sie steigen nach oben, vermischen sich mit Wasser und regnen als „saurer Regen“ auf Wälder und Wiesen. Er zerstört die schützenden Wachsschichten der Blätter, sodass die Bäume krank werden. Der „saure Regen“ versickert aber auch im Boden und so dringen die Gifte über die Baumwurzeln in jeden Baum und vergiften langsam dessen Stamm, Äste, Blätter und Früchte.

Die wahren Räuber in den Wäldern ...

China stellt das meiste Spielzeug der Welt her – aus Plastik, aber auch aus Holz. Und da China selbst nicht genug Holz hat, stehlen es viele Unternehmer. „Holzhändler plündern im großen Stil die Urwälder von Myanmar, Indonesien und Russland", berichtet Greenpeace. Viele Länder versuchen sich mit strengen Gesetzen gegen diesen Raub der Wälder zu schützen. Aber solange es da viele arme Menschen gibt, wird es auch immer welche geben, die für das schnelle Geld räuberischen Holzhändlern helfen. Ihr könnt etwas dagegen tun. Wenn ihr Holzspielsachen seht, Puzzles oder Stifte, die sehr wenig Geld kosten, dann lasst sie bitte liegen.
Denkt daran: Nur ein angemessener Preis ist fair. Für die Menschen, die dafür gearbeitet haben. Aber in der Regel auch für die Natur. Bei Holz liegt der zum Beispiel für kleine Spielsachen um die zehn Euro – und nicht darunter!

Das Leben in unseren Wäldern

Seid ihr schon mal im Winter am frühen Morgen durch einen verschneiten Wald gegangen? Habt ihr die unzähligen kleinen und großen Fußspuren bemerkt? Im Wald wimmelt es nur so von Tieren, die wir in der Regel gar nicht zu sehen bekommen. Besonders in naturbelassenen Wäldern, in denen Moose, Laub, totes Holz, Reisig und uralte, morsche Bäume liegen, tobt das Leben. Diese Wälder sind in Europa selten geworden, aber sie sind hierzulande das Zuhause der artenreichsten Lebensgemeinschaften.

In unseren Laubwäldern wachsen Buchen, Eichen, Ahorne, Birken und viele andere Bäume. Ihre Früchte und Beeren dienen Vögeln als Nahrung, die ihnen wiederum bei der Fortpflanzung helfen. Denn sie scheiden die Samen der Bäume zusammen mit ihrem Kot da aus, wo sie gerade fliegen, und sorgen so für die Verteilung und Vermehrung der Samen. Das ist ein cleveres Prinzip. Denn würden die Samen einfach von den Bäumen fallen, hätten sie im Schatten des Mutter- oder Vaterbaumes nicht genügend Licht, um groß zu werden. Bäume spenden aber nicht nur Vögeln Nahrung. Ihr Laub bietet Pilzen, Insekten und Würmern genug, um satt zu werden. Und nicht nur das. Die kleinen Waldbewohner schlagen sich nicht nur den Bauch voll, sie machen aus den toten Blättern und Ästen wieder fruchtbare Erde. So schenken sie den Bäumen und anderen Pflanzen neues Leben.

Benimmregeln für den Waldspaziergang

Für den Wald und seine Bewohner ist es sehr wichtig, dass wir Menschen uns darin gut benehmen. Dazu gehört:

- Keinen Abfall in die Wälder werfen!
- Auf den Wegen bleiben; jeder Trampelpfad und jede Abkürzung stresst die Waldbewohner.
- Blumen nicht pflücken, sondern in der Natur lassen. Hier sind sie nicht nur hübscher anzusehen, sie helfen auch vielen Tieren, satt zu werden.
- Pilze nie ausrupfen – wenn ihr sie essen wollt, dann schneidet sie mit einem Messer ab, sodass die Wurzeln nicht beschädigt werden.
- Leise sein. Rehe, Wildschweine und Vögel sind hier zu Hause. Lärm macht ihnen Angst.
- Kein Feuer anzünden. Im Wald darf nicht gegrillt oder mit Feuer gespielt werden. Ein Waldbrand ist für alle Pflanzen und Tiere gefährlich und endet oft tödlich.

Stoppt die Papierverschwendung!

Gründet euren eigenen Bücherclub!

Viele Bäume werden gefällt, damit aus ihnen Bücher und Comic-Hefte werden. Wie oft haben wir aber eines davon gelesen und lassen es dann im Regal stehen, ohne jemals wieder einen Blick hineinzuwerfen. Andere würden sie aber gerne lesen. Und vielleicht haben diese anderen ja dann ein Buch, das ihr noch nicht habt? Findet es heraus! Organisiert an der Schule oder unter Freunden eine Tauschbörse. Trefft euch und bringt alles mit, was ihr gerne eintauschen möchtet. Das wird ein spannender Nachmittag, an dem ihr an euren Freunden sprichwörtlich ganz neue Seiten kennenlernt. Bei dem Verein „Child's Horizon" könnt ihr eure Bücher auch spenden oder mit eurer Schule bei dem Projekt „BücherBox" mitmachen. Die Box wird an Schulen und Kindergärten weitergeleitet, die sich keine Bücher leisten können. Mehr dazu findet ihr unter *www.childs-horizon.de.*

Recyclingpapier hilft Bäumen und dem Klima

Und deswegen: Helft dem Recyclingpapier! Kauft euer Papier, ob als Hefte oder Toilettenpapier, immer so, dass ihr ganz sicher seid, dass es aus Altpapier gemacht wurde. Sicher könnt ihr nur sein, wenn auf ihnen der Blaue Engel oder das FSC-Siegel ist.

Blauer Engel *FSC*

Viele andere Siegel wie das, auf dem „Weltpark Tropenwald" steht, garantieren nicht, dass keine Bäume für Papier gefällt wurden. Auch das Wort „holzfrei" hält nicht das, was es verspricht. Hier wurde Papier aus Zellstoff gemacht. Und um diesen herzustellen, braucht man sehr viel Holz.

Macht mit und schützt mit eurer Schule die Wälder der Welt

Die Initiative 2000plus will alle Händler davon überzeugen, mehr Recyclingpapier anzubieten. Da diese sich nur dann überzeugen lassen, wenn auch genug Käufer da sind, will die Initiative viele Recycling-Willige finden und den Händlern vorstellen. Vor allem will sie möglichst viele Schulklassen bewegen, Recyclingpapiere zu kaufen.

Um diese Nachfrage zu dokumentieren, haben die engagierten Umweltschützer eine Unterschriftenaktion entwickelt. Jede Schulklasse kann so zum Ausdruck bringen, dass sie Recyclingpapier kauft und nutzt, sobald ein Angebot eines Händlers in der Nähe der Schule vorliegt. Unter *www.treffpunkt-recyclingpapier.de* könnt ihr mitmachen und erfahren, wie viele Schulklassen bereits an der Aktion teilnehmen.

Wasser macht unsere Erde zum Blauen Planeten

Das Wasser lässt die Erde zwar im All wie einen blauen Edelstein glitzern, aber es ist mehr als hübsch: Es ist unsere Lebensgrundlage!

Das meiste Wasser befindet sich in den Meeren und Ozeanen der Welt. Genau genommen mehr als 97 Prozent. Weitere zwei Prozent der irdischen Wasservorräte sind in Schnee und Eis eingefroren. Der Rest fließt in Flüssen, Seen, Grundwasser, Wolken und sogar in euch! Unsere Körper bestehen zu mehr als der Hälfte daraus. Je nachdem, wie heiß es ist oder wie viel wir uns bewegen, müssen wir jeden Tag zwei bis drei Liter Wasser trinken, um nicht zu verdursten.

Zum Glück gibt es auf der Erde so viel Wasser. Aber das meiste ist salziges Meerwasser, das wir weder trinken noch für unsere Wäsche nehmen können. Und so müssen wir das Meerwasser entweder entsalzen, was schwierig, teuer und sehr energieaufwendig ist, oder es aus Quell- und Grundwasser entnehmen. Das ist in Deutschland reichlich vorhanden. In vielen anderen Ländern ist es aber knapp. Und so haben über eine Milliarde Menschen kein sauberes Trinkwasser. Das ist sehr gefährlich, weil schmutziges Wasser Krankheiten überträgt.

Der Wasserkreislauf als Lebensbrunnen

Besonders faszinierend ist das schier unendliche Leben eines Wassertropfens. Treibt er im großen Ozean, schwimmt er unweigerlich auch mal nach oben. Hier erwischt ihn die Sonne, lässt ihn verdampfen und trägt ihn in den Himmel. Dort oben wird es ihm schnell zu kalt und er bildet um einen winzigen Staubkern wieder einen Wassertropfen.

Mit allen anderen Tropfen zusammen bildet er eine Wolke. Wenn die Richtung Land zieht, fällt unser Tropfen, der vor wenigen Tagen noch an einem Hai oder Delfin abperlte, als Regen zu Boden.

Vielleicht saugt ihn eine Blume auf oder ein Hund trinkt ihn aus einer Pfütze. Vielleicht versickert er auch nur still und ruhig in der Erde. Lange wird es ihn hier bei uns nicht halten. Er fließt – wenn auch mit Umwegen über Pflanzen und tierische Bäuche – zurück in Flüsse und Seen. Von hier geht er wieder als Dampf in Wolken oder fließt als Tropfen ins Meer. Wie auch immer. Er kehrt zurück – zu Haien, Delfinen, Pflanzen, Hunden. Er pendelt zwischen Himmel und Erde und versorgt alles, was dazwischenliegt, mit Wasser und mit Leben.

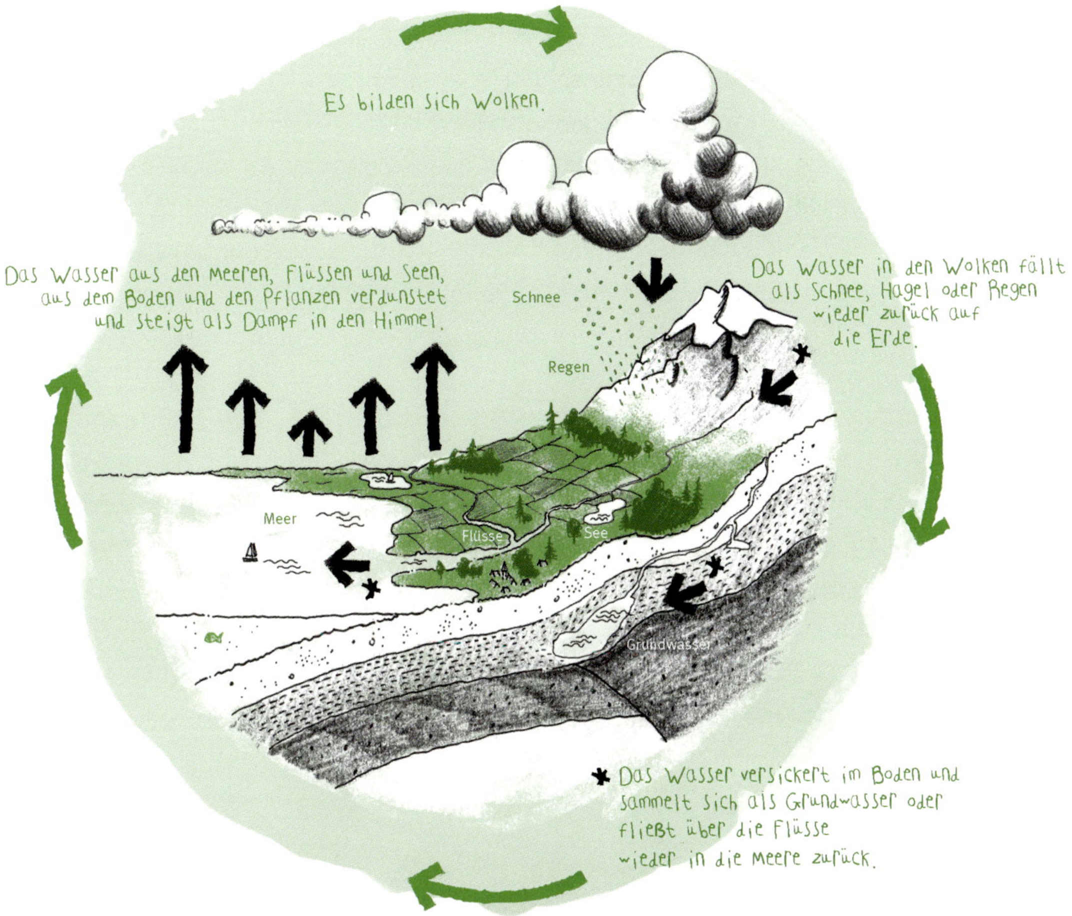

Das Wasser wird knapp!

Jeder Mensch verbraucht im Schnitt pro Tag 20 bis 50 Liter Wasser – zum Trinken, Kochen und Waschen. Durst haben auch Fabriken und Kraftwerke, aber das meiste Wasser der Welt fließt in die Landwirtschaft. Damit werden Felder und Plantagen gewässert, Tiere getränkt. Diese Versorgung verursacht gleich zwei Probleme: Erstens versickern riesige Mengen Süßwasser ungenutzt im Boden und zweitens fließt damit jede Menge Schmutz wie Kot, Urin und chemische Dünge- und Pflanzenschutzmittel ins Grundwasser, in Flüsse und Seen. Die sind dann so verschmutzt, dass immer weniger Tiere und Pflanzen darin leben können. Zudem liegen viele Gewässer langsam auf dem Trockenen, da sie immer wieder angezapft werden.

Wir Menschen können Wasser im strengen Sinn des Wortes nicht verbrauchen. Es kommt immer wieder zurück – also gebrauchen wir es. Allerdings merkt man dem Wasser diesen Gebrauch an. Wenn es durch unsere Fabriken und Waschmaschinen läuft, nimmt es jede Menge Chemikalien auf. Mit all diesen Giften gelangt das Wasser in die Kläranlagen, die es säubern sollen. Sie filtern die Gifte und sammeln sie im Klärschlamm, der oft so giftig ist, dass er auf Sondermülldeponien gelagert werden muss. Diese Gifte verschwinden also nicht. Die beste Lösung dieses Problems wäre also, die Gifte ganz zu vermeiden.

Aber auch handfester Müll verschmutzt unsere Gewässer. Weil Schiffe ihre Öltanks regelmäßig mit Meerwasser spülen, sterben jedes Jahr bis zu 450.000 Seevögel, Wale und Delfine, aber auch Kraken und Kalmare sterben, weil sie Plastiktüten verschlucken. Und so kann jeder von uns etwas tun, damit es dem Wasser und seinen Bewohnern besser geht – Müll vermeiden ist nur ein kleiner, aber wichtiger Schritt.

Werdet Wassersparer!

Nichts laufen lassen.

Wenn der Wasserhahn an ist, laufen jede Minute bis zu neun Liter aus ihm raus. Lasst also nie das Wasser beim Zähneputzen laufen oder spült nicht das WC wegen eines Blattes WC-Papier.

Clevere Wasserspartipps:

- Wenn euer Klo mit einem älteren Wasserkasten ausgestattet ist, fragt eure Eltern, ob ihr nicht eine Spartaste einbauen lassen könnt.
- Achtet auf tropfende Wasserhähne und lasst sie schnell reparieren. Durch kaputte Dichtungen tropfen pro Tag bis zu 100 Liter Trinkwasser.
- Duschen ist ein prima Wassersparer: Wenn ihr euch abbraust, fließen etwa 25 bis 30 Liter Wasser durch den Abfluss. Beim Baden sind es sechsmal mehr, nämlich bis zu 150 Liter.
- Füllt die Geschirrspülmaschine immer rappelvoll. Nur gut ausgelastet erspart sie der Umwelt viel Wasser. Sie ist dann sogar sparsamer als Geschirrspülen mit der Hand.
- Wenn ihr für die Gartenarbeit zuständig seid, könnt ihr viel Wasser sparen: Ein Rasen sollte nur morgens und abends gesprengt werden, wenn es kühl ist und das Wasser nicht gleich verdunstet. Fünf Minuten reichen. Blumen- und Gemüsebeete gießt ihr bitte mit der Gießkanne. Nur so dringt das Wasser langsam zu den Wurzeln, wo es von den Pflanzen aufgenommen werden kann. Viel Trinkwasser spart ihr auch, wenn ihr eine Regenwassertonne aufstellt. Hier sammelt ihr das Regenwasser, das Pflanzen an trockenen Tagen am liebsten trinken.

Werdet Leck-Sucher und Löcher-Stopfer.

Eigentlich ist es ganz einfach herauszufinden, ob bei euch zu Hause Lecks und Löcher sind, von denen ihr gar nichts wisst. Es geht mit Lesen, Rechnen und Farbe.

Die Lesen-und-Rechnen-Variante.

Lest die Wasseruhr. Die findet ihr am schnellsten mit euren Eltern und wahrscheinlich im Keller. Schreibt die Zahlen, die darauf zu lesen sind, auf und geht direkt im Anschluss mit allen Haus- oder Wohnungsbewohnern für zwei Stunden weg. Wenn ihr wiederkommt, lest ihr die Wasseruhr noch mal. Sind diesmal andere Zahlen zu sehen, tropft oder leckt irgendwo Wasser.

Die Farb-Variante.

Aber wie findet ihr nun das Leck? Ein guter Anfang ist das Klo. Hier fließt häufig Wasser einfach weg. Das könnt ihr leicht herausfinden, wenn ihr einen Spülkasten habt, von dem ihr den Deckel abnehmen könnt. Wie das geht, zeigen euch eure Eltern. Dann könnt ihr zehn Tropfen Tinte oder mit Wasserfarbe eingefärbtes Wasser reintröpfeln und zehn bis fünfzehn Minuten warten. Wenn danach in der WC-Schüssel gefärbtes Wasser ist, habt ihr ein Leck gefunden.

Fische in Seenot

Riesige Flotten schwärmen jeden Tag aus, um Fische zu fangen. Mit ihren gewaltigen Schleppnetzen, die sie über den Meeresgrund schleifen, walzen sie über Korallenriffe und Seeberge. Selbst in Tiefen von über 1.000 Metern stirbt alles, was sich in den Netzen verfängt. Der sogenannte Beifang wird ungenutzt wieder in die Meere geworfen. Darunter sind Fische, die zu klein für den Markt oder einfach nicht gewollt sind, aber auch Seevögel, Schildkröten und Delfine. Einige Arten, wie der Albatros, sind wegen dieser zerstörerischen Fangmethoden vom Aussterben bedroht.

Aber nicht nur die Fangmethoden sind für die Meeresbewohner eine Katastrophe. Weil immer mehr Menschen Fisch essen, sind die Bestände großer Raubfische wie Thunfisch oder Kabeljau weltweit um 90 Prozent geschrumpft.

Und was ist mit Fischstäbchen?

Fast alle Kinder lieben die grätenfreien kleinen Blöcke und so ziehen riesige Fabrikschiffe aus, um tonnenschwere Netze voller Kabeljau, Seelachs, Alaska-Seelachs und Seehecht aus dem Meer zu holen. Kein Wunder, dass viele dieser Fische zu den bedrohten Arten gehören. Wie wäre es also mal mit Fischstäbchen selbst gemacht? Dafür könnt ihr Fischfilets kaufen, von einer Art, die nicht bedroht ist. Den Fisch könnt ihr dann selber von Gräten befreien, panieren und ausbacken. Guten Appetit!

Das alles könnt ihr für die Meeresbewohner tun!

Kleine Einkaufshilfe: Achtet auf das MSC-Siegel

Das Siegel wird vom Marine Stewardship Council (MSC) vergeben. Das ist eine unabhängige und gemeinnützige Organisation, die weltweite Überfischung der Meere verringern will. Gegründet wurde sie von den Umweltschutzorganisationen WWF, Greenpeace und einem großen Industriekonzern. Mittlerweile hat sich Greenpeace zwar von der MSC-Initiative distanziert und kritisiert, dass das Logo manchmal auch für Fisch aus überfischten Gebieten vergeben wird. Aber da es im Moment das einzige Siegel ist, das einen Beitrag zum Schutz der Fische leistet, ist es als kleiner Einkaufshelfer dennoch sehr nützlich.

MARINE STEWARDSHIP COUNCIL ©

Malen für die Wale

Die Überfischung ist besonders für die Großen der Meere, die ebenfalls gern Fisch essen, ein Problem. Wale und Delfine geraten aber auch oft in die Schleppnetze und können jede Hilfe gut gebrauchen. Ihr könnt das übernehmen!

Die Walschutz-Organisation Whale and Dolphin Conservation Society, kurz WDCS, organisiert oft Malwettbewerbe für Kinder. Mit der Teilnahme an diesen Wettbewerben hilft auch der Kleinste im Kampf für Wale und Delfine. Denn die Bilder werden von der WDCS für weitere Protestaktionen genutzt und veröffentlicht. Hier erfahrt ihr, wie ihr den engagierten Walhelfern helfen könnt: *www.wdcs-de.org/actionkids*

Adoptiert einen Wal oder einen Delfin

Wale und Delfine sind viel größer als ihr – und dennoch brauchen sie eure Hilfe. Allein in den Fischernetzen sterben jedes Jahr 300.000 Wale und Delfine. Wenn ihr Patenschaften für Meeressäugetiere übernehmt, helft ihr vor allem dabei, ihren Lebensraum zu schützen. Das Geld, das ihr für die Patenschaft zahlt, setzen die Organisatoren dafür ein, das Leben der Wale oder Delfine zu erforschen und sich vor Ort für deren Schutz einzusetzen.
Ihr bekommt dafür von ihnen Fotos und Nachrichten von eurem Patenkind. Da Patenschaften meistens etwas teurer sind, könnt ihr eine als Klasse oder mit der Familie übernehmen. Hier einige Adressen:

www.pottwale.de/paten.htm
www.delphinschutz.org/menu-paten.htm
www.wdcs-de.org/general/helfen/index.php

Unser Grund und Boden

Wusstet ihr, dass die Vorfahren von Walen und Delfinen vor vielen Millionen Jahren an Land gelebt haben? Alle Säugetiere entwickelten sich aus Lebewesen, die aus den Meeren kamen. Nur einige wenige gingen zurück ins Wasser. Sie wurden zu Walen und Delfinen. So ist alles miteinander verbunden – und wer weiß, vielleicht kommen ja eines Tages wieder Meerestiere an Land, um bei uns zu leben. Wir sollten ihnen den Boden bereiten. Dieses alte Sprichwort bedeutet, dass man etwas so herrichtet, dass alles gut wachsen und gedeihen kann. Und unser Boden bietet uns dafür jede Menge.

Nehmt einen Freund an die Hand, geht so weit weg voneinander, dass ihr euch gerade noch so festhalten könnt, merkt euch, wo ihr steht und geht einen großen Schritt nach vorn. In dieser Sekunde habt ihr ein ganzes Universum überquert! Das Universum, das pralle Leben, das ihr nicht seht, findet unter euren Füßen statt. Im Boden. Hier tummeln sich Würmer, Insekten und Schnecken, wachsen Pilze, Algen und Flechten – manche wie die Fadenwürmer sogar in millionenfacher Ausführung! Obwohl ihr sie nicht sehen könnt, ist ihre Welt quicklebendig. Und sie bereitet uns den Boden.

Die Riesen der Unterwelt …

… sind winzig klein. Regenwürmer und Maulwürfe, Ameisen, Schnecken, Vier- und Tausendfüßer, Bakterien und Asseln – ohne sie wäre unser Leben auf der Erde nicht möglich. Nehmt zum Beispiel einen kleinen rosa Regenwurm. Dieses dünne Ding bohrt Röhren in die Erde, die oft bis zu einem Meter tief sind! Dank dieser Röhren bekommt der Boden Luft und Wasser, was alle anderen Lebewesen gut gebrauchen können. Oder Maulwürfe: Bauern und Gärtner mögen sie nicht, weil sie beim Graben manchmal die Wurzeln von Pflanzen beschädigen. Aber ohne sie bekäme der Boden zu wenig Luft. Auch all die anderen, mit sechs und sogar mehr Beinen, sind für einen gesunden Boden wichtig. Sie bilden die Nährstoffe, die Pflanzen brauchen, um wachsen zu können.

Woraus besteht unser Boden?

Aus verwittertem Gestein, Wasser, Luft, abgestorbenen Pflanzen und Tieren, die langsam verrotten. Zu diesem Mix kommen noch Gase, die der Boden festhält, wie Sauerstoff, Stickstoff und Kohlendioxid. Ganz oben finden wir den Humus, der aus zersetzten Teilen von Pflanzen und Tieren besteht. Er ist für das Wachstum gesunder Pflanzen sehr wichtig. Leider ist diese wertvolle Schicht unserer Erdoberfläche sehr dünn. Wenn wir zum Beispiel einen Wald roden oder alle Büsche entfernen, kann der Regen den fruchtbaren Humus einfach wegspülen. Er braucht dann viele Jahre, um sich wieder neu zu bilden.

Auch die Schichten unter dem Humus sind für die Umwelt sehr wichtig. So filtern zum Beispiel Ton und Lehm, die dicht unter der fruchtbaren oberen Schicht liegen, das Regenwasser. Es rieselt durch sie hindurch, der Schmutz bleibt hier hängen und es kommt sauber im Grundwasser an. Ganz unten im Boden ist das sogenannte Ausgangsgestein. Es ist die Vorratskammer für alle Pflanzen mit tiefen Wurzeln wie Bäume und Büsche. Jede Schicht und jedes Lebewesen spielt also in der Natur eine wichtige Rolle. Entfernt oder stört man dabei auch nur ein einziges, kommen alle ins Trudeln.

Störfaktoren unter Kontrolle – ein Erd-Experiment

Ihr könnt selbst erleben, was der Erde guttut und was ihr schadet. Und das in nur vier Wochen! Alles, was ihr dafür braucht, sind:

- Ein Fleckchen Erde
- Eine Schaufel
- Das Kerngehäuse eines Apfels oder einer Birne
- Eine Filtertüte aus der Kaffeemaschine eurer Eltern oder einen Teebeutel
- Eine Plastiktüte oder andere Verpackung aus Kunststoff

Grabt nun drei Löcher in die Erde. Legt in das erste das Obst, in das zweite den Kaffee oder Tee und in das letzte die Plastikverpackung. Deckt alles wieder mit Erde zu und steckt ein Stöckchen in jedes Loch, sodass es herausguckt. Das hilft euch, wenn ihr nach vier Wochen die Sachen wieder ausgraben wollt. Dann findet ihr alles da, wo ihr es vergraben habt. Alles? Nicht ganz – denn vom Obst oder Kaffee werdet ihr keine Spur mehr finden. Vom Teebeutel nur noch den Faden und das kleine Papierschildchen. Die sind in wenigen Wochen aber auch schon nicht mehr zu sehen. Der Plastikkram hingegen wird jetzt und auch später immer noch genauso aussehen, wie ihr ihn unter die Erde gebracht habt.

Und nun liegt die Antwort auf die Frage „Was ist gut für den Boden?" auf der Hand! Woraus macht er wieder Nahrung für Pflanzen und Tiere? Kleiner Tipp: Was die Erde wieder genauso ausspuckt, wie sie es schlucken musste, mag sie nicht. Es stört sie …

Unser Boden und die drei verflixten „Ver's"

Verschmutzung, Versiegelung, Verarmung – sie alle beginnen mit einem „Ver" und enden mit „ung" wie Verschwendung. Wenn ihr die drei verflixten Ver's kennenlernt, könnt ihr euren Eltern und allen Erwachsenen vielleicht zeigen, was sie unserer Erde Gutes tun können.

Verschmutzung:

Der Boden muss schon einiges aushalten. Wir Menschen bauen auf ihn unsere Häuser, Fabriken und Kraftwerke. Wir holen Erdöl, Kohle, Salze und viele andere Bodenschätze aus ihm heraus. Und was wir nicht mehr brauchen, kippen wir einfach auf Deponien und errichten riesige Müllberge. Bei all diesen Unternehmungen entstehen Schadstoffe, oft auch Gifte. So finden sich unter Tankstellen zum Beispiel gefährliche Gifte wie Benzol, die zu schweren Erkrankungen wie Krebs führen können.

Wenn der Boden stark verseucht ist, wird das auch für das Grundwasser zum Problem. Denn die Giftstoffe sickern früher oder später dorthin durch. Diese Gefahr wurde uns Menschen erst vor 40 Jahren bewusst. Mittlerweile arbeiten viele Forscher daran, diese Altlasten zu beheben. Sie entwickeln Methoden, die verseuchte Erde in eine Art Kapsel einzupacken, aus der das Gift nicht raus kann. Andere finden sogar Pflanzen, die helfen, die Gifte aus dem Boden zu saugen, und sie dadurch unschädlich machen.

Versiegelung:

Jede Straße und jedes Haus, aber auch Kanäle, Rohre und Keller versiegeln den Boden. Sie halten Luft, Sonne und Wasser ab und verhindern somit, dass hier neues Leben entstehen kann. Besonders schwere Folgen hat diese Boden- oder auch Flächenversiegelung für den Wasserhaushalt der Erde. Denn der Boden kann Regenwasser wie ein Schwamm aufnehmen und ihn langsam an die Lebewesen abgeben, die es brauchen. Trifft der Regen auf

Asphalt, fließt er hingegen in Abflüsse und ist schnell weg. Für die Pflanzen und Tiere bleibt zu wenig übrig. Zudem sind bei starken Regenfällen die Abflüsse und Kanäle schnell überfordert. Sie leiten das Wasser in Bäche und Flüsse, die damit auch nicht fertig werden. Es kommt zu gefährlichen Überschwemmungen. Deswegen ist es besonders wichtig, jedes Fleckchen Erde von unnötigen Bedeckungen und künstlichen Schichten zu befreien.

Erste Hilfe für kurze Wege

Garageneinfahrten oder Terrassen müssen zum Beispiel nicht asphaltiert oder zubetoniert sein. Sie können auch gepflastert oder mit Platten belegt werden. Mit Fugen dazwischen und einem Kiesbett darunter kann das Wasser gut versickern. Auch Rasengittersteine sind eine prima Lösung. Das Wasser lassen sie in den Boden fließen und sogar Pflanzen erblicken durch die Gittersteine das Licht der Welt.

Verarmung:
Daran ist vor allem die Landwirtschaft schuld. Auf den Feldern werden häufig ohne Ruhepausen immer die gleichen Pflanzen – Mais, Raps oder Getreide – angebaut. Sie entziehen dem Boden Nährstoffe, haben immer Hunger und Durst. Der Boden hat überhaupt keine Zeit, neue Nährstoffe zu bilden, er verarmt. Mit ihm natürlich auch die Pflanzen. Sie finden immer weniger, was sie groß und stark werden lassen könnte. Und so versuchen die Bauern, ihnen zu helfen, und geben ihnen künstliche Nährstoffe, die Düngemittel. Diese helfen den Pflanzen aber nur für kurze Zeit und belasten den Boden.

So bereitet ihr der Zukunft den Boden

Unterstützt die Bio-Bauern!

Bio-Bauern wollen möglichst wenig in die Natur eingreifen und verwenden deswegen keinen künstlichen Dünger und keine Unkrautvernichtungsmittel. Sie bauen abwechselnd immer andere Früchte an, damit sich der Boden erholen kann. Zwischen den Feldern lassen sie oft Hecken wachsen. Die geben wilden Tieren ein Zuhause und schützen auch den Boden vor dem Wind. Hecken und Büsche bremsen ihn nämlich ab, sodass er den wertvollen Humus nicht wegpusten kann.

Werdet selbst Bio-Bauern!

Viele Schulhöfe sind mit Asphalt oder Beton weder für Kinder noch für andere gut. Lehrer und Eltern sehen das oft ähnlich und lassen sich vielleicht von euch überzeugen, etwas davon zu entfernen und dafür Platz für Gemüsebeete, Obstbäume oder schlicht einen Kräuter- oder Wildblumengarten zu machen. Viele Schulen waren erfolgreich und haben für die Kinder einen lebendigen Schulhof geschaffen. Das könnt ihr auch! Wenn ihr Pläne und Zeichnungen macht, auf denen ihr festhaltet, wie ihr euch euren Schulhof vorstellt, könnt ihr diese beispielsweise an Umweltschutzorganisationen wie den WWF, NABU oder BUND schicken. Wer weiß, vielleicht helfen die euch sogar mit Geld. Gute Tipps und Anleitungen bekommt ihr von ihnen allemal. Ihr könnt mit euren Ideen auch eine Ausstellung machen, zu deren Eröffnung ihr die Bau- und Gartenmärkte der Stadt einladet. Alle, die kommen, werden euch sicherlich unterstützen – mit Geldspenden oder Werkzeug, das ihr für eure Gartenarbeit braucht. Der Aufwand lohnt sich!

Gebt Würmern ein Zuhause!

Das geht viel einfacher, als ein Haus oder einen Nistkasten zu bauen. Ihr müsst nämlich nur Kartoffel- und Eierschalen, Kerngehäuse von Äpfeln, Birnen und Filtertüten sammeln und kompostieren. Alles, was ihr dafür braucht, ist eine Kompost-Box im Garten. In diese Box kommen nun alle

Abfälle aus der Küche und aus dem Garten – aber bitte kein Fleisch, Knochen oder Fett. Die Würmer kommen dann von alleine. Wenn ihr nun Würmer und Abfall allein lasst, ab und zu das Ganze vorsichtig umgrabt, werdet ihr erleben, wie die Würmer sich ihr Zuhause umbauen. Ihr seid Zeugen bei der Erschaffung der Erde! Eurer eigenen. Was ihr damit macht? Blumenerde – die beste der Welt!

Müll – warum der nicht immer zum Wegwerfen komisch ist

Aus dem Erd-Experiment mit der Plastiktüte haben wir gelernt, dass der Boden nicht mit allem fertig wird. Die Tüte ist zwar aus Erdöl hergestellt, einem wahren Bodenschatz, aber die Erde kann mit dem, was wir daraus gemacht haben, dem Plastik, leider nichts mehr anfangen. Wir Menschen streng genommen auch nicht. Denkt mal über diesen Satz nach, den ein Umweltexperte sagte: „Eine Plastiktüte ist in einer Sekunde hergestellt, wird 20 Minuten verwendet, ist aber erst in 100 bis 400 Jahren verrottet." Lohnt sich das? Einige Länder finden, dass jede Plastiktüte zu viel ist, und haben sie verboten – darunter Länder in Ostafrika, aber auch die Stadt San Francisco in den USA. Hier muss man sich über Müll besonders viele Gedanken machen, denn in den USA fällt der meiste Abfall der Welt an. Jeder – vom Baby bis zum Opa – hinterlässt hier zwei Kilo Müll am Tag. In einer Stadt wie New York sind das 16 Millionen Kilo, heute und morgen und übermorgen und über-übermorgen …

Aber auch unser Müll stinkt zum Himmel! Wir alle machen zu viel davon. Der größte Müllhaufen besteht aus Papier. Zeitungen, Verpackungen oder Taschentücher fliegen alle früher oder später in Abfallcontainer. Die nächste große Menge, die hier landet, besteht aus Gartenabfällen und Essensresten. Kommen diese auf den Kompost, sind sie mehr oder weniger unproblematisch. Ihnen folgen aber Plastik, Metalle, Gummi, Leder und Textilien wie alte T-Shirts und Socken. Und hier wird es schon schwieriger. Wohin mit dem ganzen Zeug, das nicht einfach mal so wieder zu Erde wird?

So viel Müll macht der durchschnittliche Deutsche in einem Jahr.

Wo kommt das alles hin?

Glas oder Papier werden in Deutschland sehr gut vom restlichen Müll getrennt und wiederverwertet. Vielleicht trinkt ihr gerade euer Wasser aus einem Glas, das schon mal ein Fenster oder eine Flasche war. Und euer Schulheft war vielleicht mal ein Comic oder die Tageszeitung vom letzten Jahr. Glas und Papier lassen sich also prima recyceln. Bei Kunststoffen ist das sehr viel schwieriger. Viele sind eingefärbt oder mit Etiketten beklebt und somit nicht rein genug, um daraus neues Material zu machen. Die zurzeit sehr beliebten sogenannten PET-Flaschen sind dabei besonders problematisch. Sie werden oft als Pfandflaschen verkauft und gaukeln so den Käufern vor, dass sie, sobald sie gegen das Pfand zurückgegeben werden, wieder als Wasser- oder Limonadenflaschen in den Handel kommen. Das stimmt leider nicht. Das Material PET kann nämlich Giftstoffe aufnehmen. Und weil niemand weiß, was in der Flasche außer Wasser und Limonade noch war, bevor sie wieder zurückgegeben wurde, kann sie nicht wiederverwertet werden. Am besten sind daher immer noch Pfandflaschen aus Glas.

Viel Müll ist nicht wiederverwertbar. Er kommt auf Deponien oder in Müllverbrennungsanlagen. Selbst die Verpackungen aus der gelben Tonne werden nur zu einem kleinen Teil recycelt. Das meiste wird verbrannt. Der Grüne Punkt ist also eindeutig schlechter als sein Ruf und jeder sollte Verpackungen meiden, wo es nur geht.

Was genau heißt recyceln?

Im strengen Sinn bedeutet das Wort, dass man zum Beispiel aus einer alten Dose eine neue macht. Das passiert so gut wie nie. Aus einer Getränkedose wird nämlich in der Regel nur ein Draht. Deswegen, meinen Umweltschützer, sollte man besser von „downcycling“

sprechen. Down heißt auf Englisch „unten“ und macht klar, dass es sich um ein minderwertiges Material handelt, das beim re- beziehungsweise downcyceln entsteht. Das wäre viel ehrlicher. Denn es macht klar, dass wir für eine neue Dose neues Aluminium verbrauchen. Das ist für die Umwelt eine große Belastung, weil dafür viele Rohstoffe und Energie verbraucht werden.

Was allerdings gut recycelt werden kann, ist Glas. Es wird in kleine Stücke zerschmettert, gereinigt und eingeschmolzen. Auch Eisen, aus dem Konservendosen, Stangen und Bleche gemacht werden, holt ein riesiger Magnet aus dem Müll. Es wird wie Glas in einem Ofen erhitzt und kann so in neue Formen gegossen werden. Papier wird zerkleinert und mit Wasser vermischt. Dann muss dieser Brei durch einen Filter, in dem sich Heftklammern, Tinte oder Kleber verfangen. Dieser saubere Papierbrei wird dann getrocknet und schon ist das neue Material für Zeitungen und Schulhefte fertig. Leider kann dieser Vorgang nur bis zu zwölf Mal wiederholt werden. Dann ist auch das beste Papier nur noch gut genug für den Po. Es wird zu Klopapier.

Die Mülldiät

Elektroschrott – wohin mit Handy und Playstation?

In Europa werden jedes Jahr 20.000 Tonnen alte elektrische Geräte zu Müll. Das ist ungefähr so viel, wie ein riesiges Schiff wiegt. Nichts davon verrottet einfach oder wird zu Kompost. Vieles enthält zudem giftige Stoffe. Und so gehören alte Computer, Handys, Fernsehgeräte nicht in die Mülltonne. Bringt sie zur Stadt, die sie gesondert entsorgt, oder spendet sie und tut was Gutes damit.

Greenpeace empfiehlt eine Mülldiät

Die wesentlichen Diätrezepte kurz gefasst:

- Leistet Überzeugungsarbeit, bei Eltern und Familie, dass sie Sachen einkaufen, die möglichst wenig verpackt sind, und dass sie bitte auf Recycling-Produkte achten.
- Benutzt Butterbrotdosen statt Alufolie und Papier.
- Checkt mal euren Schulkiosk: Gibt es hier Einwegflaschen oder sogar Getränkedosen? Sprecht mit den Betreibern des Kiosks und den Schulleitern – alle diese Müll-Kalorienbomben können gestrichen und durch Getränke in Mehrwegflaschen ersetzt werden: Auch Süßigkeiten müssen nicht einzeln verpackt sein – Gummibärchen und Co. können auch lose angeboten werden.
- Die Super-Diät gelingt meistens beim Papierverbrauch: Druckt das Sekretariat tonnenweise auf blütenweißes Papier? Und das auch nur jeweils einseitig? Das geht auch anders! Redet mit allen Erwachsenen in eurer Schule: Überzeugt sie davon, recyceltes Papier zu nehmen – für Drucker, Kopierer, aber auch fürs WC; macht euch schlau und zeigt allen Großen, die den Trick noch nicht kennen, wie man beide Seiten eines Blattes bedruckt.
- Federmäppchen und Schulranzen sind oftmals richtige kleine Sondermülldeponien – dazu machen sie Tintenkiller, Einmal-Kugelschreiber und Filzstifte mit giftigen Lösungsmitteln; die guten Alternativen sind Füller mit

Kolben, die ihr immer wieder mit Tinte aufladen könnt, Kugelschreiber, bei denen man die Minen austauschen kann, und Filzstifte auf Wasserbasis.

Gut getrennt ist viel gewonnen!

Müll richtig trennen bedeutet einerseits weniger Müll, der auf der Deponie rumdümpelt oder verbrannt werden muss, und andererseits mehr Natur. Denn aus dem Material aus der Mülltonne kann Neues gemacht werden, ohne dass dafür wieder wertvolle Naturstoffe geholt und aufwendig verarbeitet werden müssen. So trennst du den Müll richtig:

Glas	→	in Glascontainer
Papier	→	Altpapiersammlung
Alte Kleidung	→	Altkleidersammlung
Alte Medikamente	→	Apotheke
Essensreste (außer Fleisch), Kaffeefilter, Teebeutel	→	Biotonne
Kühlschränke wie alle Elektrogeräte	→	Sammelstellen der Städte
Leere Batterien	→	spezielle Sammelboxen, die ihr in jedem Supermarkt findet

Energie – alles fließt ...

Wusstet ihr, dass eure Körper wie Verbrennungsmotoren funktionieren? Ihr führt ihnen Energie in Form von Nahrung zu und schon könnt ihr springen und tanzen, auf Hochtouren laufen. Aber was genau ist Energie? Eigentlich alles, was wir zum Leben brauchen: Wärme, Licht und Kraft. Die Wärme machen wir uns mit Heizungen und Öfen. Unser Licht geht an, wenn wir den Schalter umlegen. Und die Kraft holen wir uns, wenn wir einen Apfel oder ein Butterbrot essen. Ach, wenn es doch so einfach wäre. Denn woher nehmen Heizungen, Öfen und Lichtschalter die Energie? Und woher nehmen Autos die Kraft, Berge hochzufahren? Doch nicht etwa aus Butterbroten ... Natürlich nicht. Oder besser: leider nicht.

Es gibt verschiedene Arten von Energie und verschiedene Formen, die Energie umzuwandeln und weiterzugeben. So füttern wir Kaminöfen mit Holz, verbrennen es und die Glut gibt ihre Energie als Wärme an uns weiter. Heizungen funktionieren ähnlich, nur dass wir das nicht so direkt wie beim Kamin sehen. Denn die Wärme entsteht in Kraftwerken, die dafür Erdgas, Erdöl oder Kohle verbrennen. Kraftwerke machen auch die Energie für Lampen: die elektrische Energie, den Strom. Glühbirnen wandeln Strom in Licht um, Kühlschränke machen damit Kälte und Eis und Fernseher viele bunte Bilder. So geht Energie nie verloren – sie wird immer in etwas umgewandelt: in Licht, Kraft und Wärme.

Unsere Welt in Kilowattstunden

Ohne Strom ist unser Alltag kaum noch vorstellbar. Wir säßen oft im Dunkeln, könnten nicht fernsehen oder ins Kino gehen, weil es da nichts zu sehen gäbe. Na ja – Schattenspiele vielleicht, bei flackerndem Kerzenschein. Wir hätten keine Telefone, auch keine Handys. Denn wenn diese auch nicht an Kabeln hängen, Strom brauchen sie dennoch. Und so laden wir ihren Akku immer wieder auf.

Wir alle hängen also am Netz, in das Kraftwerke Strom einspeisen. Wenn ihr ihn verbraucht, messen die Stromhersteller genau, wie viel ihr davon aus dem Netz nehmt, und lassen eure Eltern dafür bezahlen. Gemessen wird in Kilowattstunden. Bevor eine Kilowattstunde verbraucht ist, leuchtet eine sehr helle 100-Watt-Glühlampe zehn Stunden lang. Ihr könnt mit einer Kilowattstunde Strom auch knapp drei Tage Lebensmittel kühlen, 140 Geschirrteile mit der Geschirrspülmaschine spülen oder mit einem großen Fernsehgerät fast zwei Stunden fernsehen.

Unter Strom

Immer mehr Strom fließt durch unsere Netze und mündet in Steckdosen, an denen immer mehr Geräte hängen. Als eure Eltern Babys waren, wurde nur halb so viel Kohle, Erdöl und Erdgas verbrannt wie heute. Auch die Stromerzeugung hat angezogen. Seit ihr auf der Welt seid, hat sie sich fast verdreifacht. Dabei sind die wichtigsten Energiequellen gleich geblieben und sie sind uralt: Erdöl, Erdgas und Kohle. Doch woher kommen sie?

Erdöl entstand vor 500 Millionen Jahren, als kleine Tiere im Meer starben und auf den Boden sanken. Hier wurden sie von Sandschichten bedeckt, konnten nicht verrotten und wurden langsam zu Öl. Bei diesem Prozess bildeten sich auch Gase, die ebenfalls von vielen Sand- und später, als einige Meere schon längst ausgetrocknet waren, von Erdschichten begraben wurden. Erdöl und Erdgas finden sich entsprechend häufig dicht beieinander.

Auch Kohle besteht aus Lebewesen, die vor Millionen Jahren starben und nicht verrotten konnten. So wurden zum Beispiel umgestürzte Bäume und andere tote Pflanzen vom Schlamm im Moor umschlossen und langsam zu Kohle. Das passierte sehr oft und so gibt es heute auf der Welt große Kohlevorkommen. Experten rechnen mit über 500 Milliarden Tonnen, sodass wir allein mit Kohle den menschlichen Energiebedarf für die nächsten 300 Jahre decken könnten.

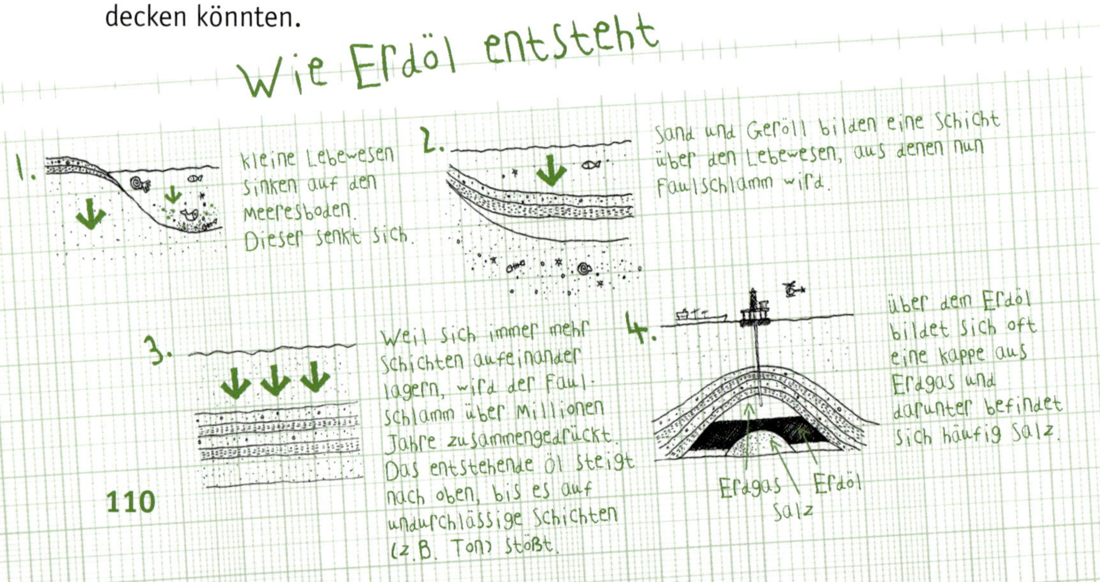

Alternative Energiequellen – die Superkräfte von Wind, Wasser, Sonne und Erde

Wegen der hohen Umweltbelastungen, die dank Erdöl, Erdgas und Kohle entstehen, suchen Menschen schon lange nach anderen, umweltfreundlichen Energiequellen. So stießen sie auf die Atomkraft. Alles auf der Erde besteht aus Atomen und die wiederum aus einem Kern und einer Hülle. Einige Atome – zum Beispiel die des Stoffes Uran – kann man spalten. Bei dieser Spaltung entsteht Energie, aus der man Strom machen kann. Da kein kohlenstoffhaltiger Stoff dafür verbrannt wird – wie bei der Stromerzeugung mit Erdöl, Gas oder Kohle – entsteht kein klimaschädliches CO_2. Gefährlich für die Umwelt ist Atomkraft aber dennoch. Denn hier entstehen radioaktive Stoffe, die lebensbedrohlich sind. Ungefährliche und umweltfreundliche Alternativen stellt die Natur zur Verfügung: Wind, Wasser, Sonne und Erdwärme.

Windkraft

Die Kraft des Windes lässt sich leicht ausnutzen: Sie dreht wie bei einer Windmühle die Rotorblätter der Windkraftanlagen. Diese mechanische Energie wird auf einen Stromgenerator übertragen, der, wie der Name schon sagt, Strom generiert, also herstellt. Die Vorteile der riesigen Türme: Sie machen Strom, ohne dafür die Umwelt mit Abgasen zu belasten. Leider fühlen sich einige Menschen von dem Lärm und den Schatten der Windkraftanlagen belästigt. Und so werden sie hierzulande vor allem da gebaut, wo ihre Geräusche von denen des Verkehrs übertönt werden – entlang von Autobahnen. Und immer 400 Meter weit weg von Wohnsiedlungen.

Wasserkraft

Die Energie des Wassers haben schon unsere Ur-Ur-Urgroßeltern und sogar deren Urgroßeltern genutzt. Sie haben ihre Mühlen an Bäche und Flüsse gebaut und das Wasser die Mühlräder drehen und damit das Mehl mahlen lassen. Genau diese Kraft des Wassers machen sich Wasserkraftwerke zunutze. Das Wasser setzt riesige Turbinen in Bewegung, die wie Motoren für die Erzeugung von Strom laufen. Die Vorteile dieser Energiegewinnung liegen auf der Hand: Wasser gibt es auf unserem Blauen Planeten genug und wir können es als nie versiegende Stromquelle nutzen. Nachteile gibt es leider auch – jedes Wasserkraftwerk greift in die Natur ein. Werden sie an Flüssen gebaut, stören sie die Fische. Baut man Staudämme, verschlucken die aufgestauten Wassermassen jede Menge fruchtbares Land und zerstören den Lebensraum vieler Landbewohner.

Sonnenenergie

Solarzellen wandeln das Sonnenlicht direkt in elektrischen Strom um. Dafür brauchen sie lediglich Sand und Sonne. Na ja, etwas mehr leider schon, nämlich jede Menge gut ausgetüftelter Technik. Als Grundbaustein dient den Tüftlern Silizium, das sie in sehr komplizierten Verfahren aus Sand gewinnen. Aber ist die Solarzelle fertig, braucht sie nur noch die Sonnenenergie, um daraus Strom zu machen. Und genau hier ist auch der Haken. Denn in Ländern wie Deutschland scheint die Sonne oft mit vielen langen Unterbrechungen. Die Versorgung mit Solarstrom kann also bei uns nicht jeden Tag garantiert werden. In anderen Regionen der Welt, rund um den Äquator zum Beispiel, ist die Sonne aber eine prima Stromquelle. Da viele Länder, in denen es sehr heiß ist, sehr arm sind, könnte hier mit Solarstrom viel Gutes getan werden. Dafür muss nur noch die Technik etwas billiger werden, damit sich alle Länder Solarstromanlagen kaufen und bauen können.

Einfacher ist die Technik, mit sogenannten Solarkollektoren die Sonnenstrahlen einzufangen. Man lässt die Sonne auf eine Konstruktion aus Glas scheinen, unter der sich Rohre befinden. Diese sind mit Wasser, Öl oder Gas gefüllt. Werden diese von der Sonne aufgeheizt, kann man diese Wärme entweder zur Herstellung von Strom nutzen oder im Falle von Wasser zum warmen Duschen. Diese Solarkollektoren sind nicht nur in Deutschland schon weit verbreitet, man findet sie sogar in der Wüste Amerikas. In den USA arbeiten Solarfarmanlagen in der Mojavewüste und versorgen Kalifornien zuverlässig mit Strom.

Erdwärme

Unserem Erdball ist heiß. Er brütet tief im Inneren Temperaturen aus, die wir zur Energiegewinnung nutzen können. Sehen können wir dieses hitzige Temperament, wenn heiße Quelle und Geysire dampfen. Island hat besonders viele davon und weiß sie schon lange zu nutzen. Das kleine Land im Norden heizt seinen Bewohnern mit Erdwärme ein. Aber auch andere Länder entdecken die sogenannte Geothermie, denn sie garantiert tief unter der Erde immer gleichbleibende Temperaturen, die nur noch angezapft und nach oben gebracht werden müssen.

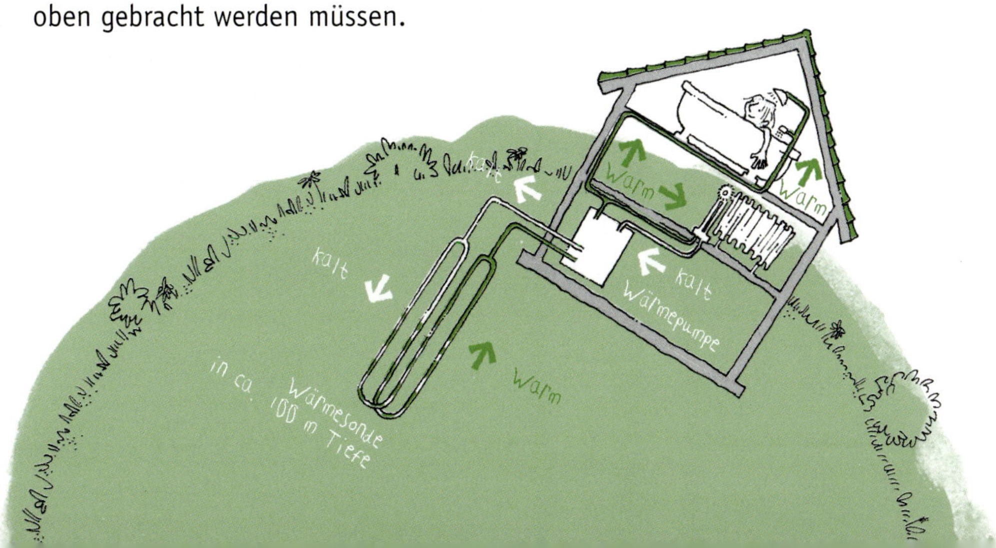

Werdet Energiesparer

Ihr könnt im Alltag sehr viel tun, um Energie und damit der Welt Tonnen um Tonnen von Kohlendioxid zu ersparen. Das kann sogar für eure Eltern sehr interessant sein, weil sie damit weniger Geld an Stromlieferanten zahlen müssen.

Energiesparlampen statt Glühbirnen

Energiesparlampen sparen über ihre Lebensdauer, die bis zu zwanzigmal länger als die einer Glühbirne ist, mehr als das Zehnfache ihres Anschaffungspreises an Stromkosten. Dabei gilt aber immer: Bei Energiesparlampen darf beim Einkaufen nicht gespart werden. Die billigen Lampen gehen schneller kaputt, verbrauchen mehr Energie als die etwas teureren und enthalten vor allem giftige Stoffe. Leider wissen das viele Eltern nicht. Da Energiesparlampen Schwermetalle enthalten, gehören sie auf jeden Fall in den Sondermüll!

Werdet zur „Sonnigen Schule"!

Das Unabhängige Institut für Umweltfragen (UfU e.V.) will erneuerbare Energien sichtbar machen und hat dafür schon viele Projekte ins Leben gerufen. Einige findet ihr unter *www.klimaschutzschule.de.* Andere, wie das Projekt, das Schulen mit 400 Solaranlagen versorgen will, findet ihr auf *www.ufu.de*. Was ihr dafür tun müsst? Sprecht mit euren Lehrern, holt euch die Infos und macht mit.

Die sparsamen Küchenhelfer

Kochen ohne Deckel kostet viermal so viel Energie wie mit Deckel, da sich die Garzeit erhöht. Außerdem könnt ihr Strom sparen, wenn ihr bei Elektroherden bereits gut zehn Minuten, bevor die Kartoffeln weich sind, die Herdplatte eine Stufe zurückschaltet. Wenige Minuten vor Kochende könnt ihr den Herd ganz ausschalten. Wichtig ist auch, dass ihr Töpfe mit ebenem Boden verwendet. So können sie die Hitze der Herdplatte komplett übernehmen und es geht keine Wärme, also Energie, verloren. Dafür muss der Topf auch immer zur Herdplatte passen und sollte nicht kleiner oder größer sein.

Eure Eltern könnt ihr von diesen Kochtipps vielleicht mit der Rechnung des WWF überzeugen: Sie sparen rund 33 Euro und 118 Kilogramm Kohlendioxid im Jahr, wenn sie bei fünf Kochvorgängen pro Woche den Topfdeckel benutzen.

Standby – Bye, bye

Wenn Fernsehgeräte, Musikanlagen oder DVD-Player nicht ganz abgeschaltet werden, sind sie im sogenannten Standby-Modus. Jederzeit bereit, wieder angeschaltet zu werden. Aber wozu soll das gut sein? Das rote Lämpchen leuchtet und leuchtet und verbraucht dabei jede Menge Strom. TV und DVD gehen aber deswegen nur eine Sekunde schneller an, als wenn es das nicht getan hätte.

Krieg und Gewalt in der Welt

Seit die Menschen ihre Geschichte aufschreiben, berichten sie von Kriegen und Kämpfen. Es hat sie scheinbar immer gegeben. Vielleicht haben euch auch ältere Menschen vom Zweiten Weltkrieg erzählt, davon, was sie in ihrer Kindheit erlebt haben. Wie Menschen gestorben sind oder alles verloren haben, was ihnen wichtig und lieb war. Das war vor über 60 Jahren, aber auch heute toben auf der Welt viele Kriege und zerstören das Leben von Menschen.

Die Vereinten Nationen schätzen, dass zurzeit 25 Millionen Menschen auf der Flucht sind. Kriege haben ihre Häuser, Felder und alles Hab und Gut zerstört. Um wenigstens ihr Leben und das ihrer Kinder zu retten, verlassen sie ihre Dörfer und Städte und suchen Schutz in friedlicheren Regionen. Die meisten wollen dabei in ihrer Heimat bleiben und so finden die größten Flüchtlingswanderungsbewegungen innerhalb der Krisengebiete statt. Nur wenige machen sich auf den langen Weg in die reichen und sicheren Länder Europas oder Nordamerikas. Von den geschätzten 25 Millionen Menschen auf der Flucht kommen in Europa zwischen ein und zwei Millionen Menschen an. Deutschland nimmt in Europa die meisten Flüchtlinge auf und versucht ihnen so lange zu helfen, bis sie wieder nach Hause zurückkehren können.

Die vielen kleinen Schlachten bekommen wir in unserem sicheren Heimatland gar nicht mit. Obwohl das Leid, das sie verursachen, unermesslich groß ist. In mehr als 40 Ländern der Welt wird zurzeit gekämpft. Es gibt viele unterschiedliche Ursachen für Krieg und die meisten sind schwer zu erklären. Was sie aber alle gemeinsam haben: Sie lösen große Krisen aus. Sie bringen alle Menschen und sogar die Umwelt in große Schwierigkeiten. Sie zerstören Wasser- und Stromleitungen, Häuser, Schulen, Krankenhäuser, Felder und Wiesen.

Kinder – die unschuldigsten Opfer des Krieges

Mehr als zwei Millionen Kinder sind im Ersten und Zweiten Weltkrieg und in all den anderen Kriegen bis 2000 gestorben. Mehr als dreimal so viele wurden verletzt und viele nie wieder richtig gesund.

Unvorstellbares Leid erfahren auch die Kinder, die von Erwachsenen gezwungen werden, im Krieg zu kämpfen. 250.000 bis 300.000 Kindersoldaten gibt es auf der Welt. Das sind mehr Kinder, als in einer Stadt wie Hamburg oder München leben. Der Alltag dieser Kinder besteht aus Gewalt, Grausamkeit und blindem Gehorsam. Die meisten wurden von bewaffneten Gruppen entführt, viele haben gesehen, wie diese ihre Familien bedrohten oder töteten. Die Entführer verlangen von ihnen, sich ihnen unterzuordnen. Sie schlagen, misshandeln und zwingen sie, Grausamkeiten zu begehen. Die Kinder müssen schwere Waffen, Verwundete, Lebensmittel und Zelte schleppen und bekommen dafür nur selten sauberes Trinkwasser oder genug Essen.

Die internationale Koalition für den Schutz von Kindern

„Die Rekrutierung von Kindern und ihr Kriegseinsatz ist Kindesmissbrauch!", mahnt die „International Coalition to Stop the Use of Child Soldiers" (CSC). Sie besteht aus bekannten Organisationen, die sich für Menschenrechte auf der ganzen Welt einsetzen. Seit Jahren kämpfen sie nun auch dagegen, dass Kinder gezwungen werden, im Krieg zu kämpfen. Sie setzen sich dafür ein, dass Kinder aus der Armee entlassen werden, und unterstützen sie dabei, sich ein Leben in Frieden aufzubauen. In der „Deutschen Koordination Kindersoldaten" arbeiten folgende Organisationen zusammen:

amnesty international – *www.amnesty.de*
Deutsches Jugendrotkreuz – *www.djrk.de*
Deutsches Komitee für UNICEF – *www.unicef.de*
Deutsches Nationalkomitee des Lutherischen Weltbundes – *www.dnklwb.de*
Kindernothilfe e.V. – *www.kindernothilfe.de*
medico international – *www.medico.de*
missio – *www.missio.de*
terre des hommes Deutschland e.V. – *www.tdh.de*
World Vision Deutschland – *www.worldvision.de*

Wenn ihr den hilflosesten und unschuldigsten Kriegsopfern der Welt ebenfalls helfen wollt, dann meldet euch bei diesen Organisationen. Viele haben Aktionsgruppen vor Ort, bestimmt auch bei euch in der Nähe, in denen ihr mitmachen könnt.

Gewalt in Familien und Schulen

Auch Kinder in Deutschland erfahren Gewalt. Jede Form von Gewalt – auch die Ohrfeige – ist brutal und gemein. Sie richtet viel Schaden an, von dem wir oft nur erfahren, wenn es zu spät ist. So sind die Schlägertypen an Schulen bei sich zu Hause oft die Prügelknaben und werden von ihren Vätern, Müttern oder Geschwistern geschlagen. Leider neigen viele, die Gewalt erfahren, dazu, sie selbst anzuwenden. Die Kinder, die andere bedrohen oder ihnen wehtun, jagen allen eine Höllenangst ein. Dabei haben sie meistens selbst die größte Angst im Nacken – oder zu Hause auf dem Sofa – sitzen.

Wenn ihr Kinder kennt, die geschlagen oder sexuell misshandelt werden, helft ihnen! Der erste Schritt dahin klingt leicht, fällt aber oft schwer: reden. Denn vielen ist es sehr peinlich, über die Demütigungen zu berichten, die sie bei Schlägen und Misshandlungen erlebt haben. Dabei gilt ohne Ausnahme: Niemand muss sich schämen, wenn ihm Böses widerfährt. Und kein Kind hat Prügel verdient. Die Täter müssen erfahren, dass ihr Handeln böse ist – und streng verboten. Laut deutschem Recht werden Eltern, die ihre Kinder verprügeln – oder ohrfeigen – bestraft. Das Gesetz kann aber nur wirken, wenn Polizei und Richter davon erfahren. Also redet – mit Freunden, Erwachsenen, denen ihr vertraut, oder mit dem Sorgentelefon. Sie werden euch den Rücken stärken und gemeinsam könnt ihr viel Gutes tun.

Mobbing an Schulen

An immer mehr Schulen in Deutschland beklagen sich Kinder, dass ihre Mitschüler sie regelmäßig ärgern, auf dem Kieker haben, gemein sind oder sie sogar häufig angreifen. Das geht mit Beschimpfungen und Spott los, führt über Grimassen schneiden und Ignorieren bis hin zu Schlägen und Treten. Oft müssen ängstliche und unsichere Kinder unter so einem Verhalten der anderen leiden. Oder Kinder, die anders sind als die Mehrheit der Schüler. Wenn sie sich gar nicht mehr zu helfen wissen – und ihnen auch sonst keiner hilft – verlassen sie die Schule, an der sie diese Demütigungen, das Mobbing, erleiden mussten. Dabei fühlen sie sich aber selten besser, eher als Versager, den niemand mag. Wie ihr Kindern helfen könnt – oder euch selbst – erfahrt ihr hier:
http:/mobbing.seitenstark.de
www.no-blame-approach.de
www.jungundjetzt.info
www.mobbingscout.de

Nur Mut!

Wenn ihr seht, dass andere Kinder oder Erwachsene ein Problem haben, helft ihnen. Wird ein Kind zum Beispiel im Bus von anderen geärgert und weiß sich nicht mehr zu helfen, dann ist für euch der richtige Zeitpunkt gekommen, selbst was zu tun. Am besten geht ihr zum Busfahrer und sagt, was da los ist. Oder wenn ein Mitschüler zu Hause Probleme mit seinen Eltern oder Geschwistern hat – redet mit ihm darüber. Vielleicht findet ihr zusammen raus, was am besten zu tun ist. Ansonsten gibt es viele andere Menschen, die euch gute Tipps geben können. Einige findet ihr über die Sorgentelefone. Die Nummern stehen in Bussen oder Straßenbahnen, in Telefonzellen und hier: **0800 1110111** oder Tel.: **0800 1110222**. Im Internet unter *www.telefonseelsorge.de* findet ihr dazu noch mehr. Zum Beispiel, wo ihr Menschen persönlich treffen könnt, die euch und euren Freunden helfen.

Globalisierung – gerecht oder gemein?

Vielleicht habt ihr schon das Wort Globalisierung gehört und dass Erwachsene darüber streiten, ob sie gut oder schlecht für uns ist. Das ist schwer zu sagen. Dank moderner Technik und Transportmöglichkeiten wie riesigen Schiffen, Flugzeugen und Schnellzügen kann heute fast jeder mit jedem auf der Welt handeln. Ein Indio aus dem Regenwald kann in Deutschland seine geschnitzten Kunstwerke verkaufen und ein Deutscher ihm batteriebetriebene Radios. Das macht für viele Menschen das Leben leichter.

Die Nachteile gibt es aber auch: Zum Beispiel bringen wir die Umweltbelastungen, die wir aus Deutschland kennen, mit den Batterien und Radios in den Regenwald. Hier gibt es keine Recycling-Stationen. Zudem haben viele Unternehmer entdeckt, dass es dank der Technik und leichten Transporte für sie egal ist, wo sie ihre Waren herstellen. Wenn ein Indio im Regenwald für weniger Lohn arbeitet, dann können sie dort, im Regenwald, ihre Sachen billig produzieren und dann später für teures Geld verkaufen. Das macht sie reich.

Und der Indio? Für ihn ist es anfangs auch toll, Arbeit und ein geregeltes Einkommen zu haben. Aber leider nicht lange. Da es auf der Welt viele arme Menschen gibt, die dem Unternehmer anbieten, seine Waren noch billiger zu machen, wird er seinen Job wieder verlieren. Der Unternehmer zieht mit seiner Fabrik in das Land, in dem er noch mehr Geld einsparen kann. Der Indio ist nun leider nicht nur arbeitslos, er hat in seinem Land auch noch eine leere Fabrik stehen, wo früher seine Bäume waren, aus deren Holz er Kunstwerke schnitzen konnte.

Das sind die zwei Seiten der Globalisierung – einige wenige Menschen werden sehr reich, andere dafür sehr arm. Zum Glück gibt es dazwischen noch jede Menge anderer Schicksale – die ein wenig von der Vernetzung der Welt profitieren oder damit gut zurechtkommen. In einigen Ländern der Welt bedeutet Zurechtkommen schon sehr viel.

Gerechtigkeit für den ganzen Globus – Hilf mit!

Amnesty International

Die Mitarbeiter von Amnesty International kümmern sich seit vielen Jahren um die Rechte der Menschen in aller Welt. Wenn Menschen im Gefängnis landen, weil sie in ihrem Land für eine bessere Bezahlung der Arbeiter kämpfen, oder wenn Menschenrechtler Richter unterstützen, die unparteiisch und mit Gnade und Verstand urteilen, wenn erwachsene Menschen unter Hausarrest stehen, bloß weil sie eine andere Meinung vertreten als der Präsident des Landes – dann tritt Amnesty International auf den Plan. Amnesty organisiert Briefaktionen, Musikkonzerte oder andere Aktionen, die von vielen Menschen wahrgenommen werden. Wie ihr Amnesty helfen könnt und was diese Organisation sonst noch macht, lest ihr auf *www.amnesty.de*.

Globalisierung kann so lecker sein!

Viele Menschen, denen es in ihrem Land sehr schlecht ging, kommen zu uns. Einige von ihnen eröffnen ein Restaurant und machen damit das, was sie am besten können, um Geld zu verdienen: Kochen wie zu Hause! Helft ihnen, hier glücklich zu werden. Probiert mal das Essen in marokkanischen, türkischen, persischen, mongolischen, indischen Restaurants. Griechische und chinesische kennt ihr ja wahrscheinlich schon. Esst euch durch die Küchen der Welt und lernt so viele nette Menschen und auch etwas von deren Kultur kennen.

Euer Beitrag für eine bessere Welt!

Immer wenn ihr etwas für euch tun wollt, denkt einfach darüber nach, was es für andere bedeutet. Wenn ihr euch ein Spielzeug kaufen wollt, denkt nach, ob es wirklich ein ganz billiges sein muss, weil ihr von eurem Taschengeld auch noch einen Schokoriegel essen wollt. Oder ob ihr einen aus dem „Eine-Welt-Laden" kauft und damit Kindern in Afrika oder Asien helft. Lernt einfach, an andere Menschen zu denken. Dann seid ihr schon längst dabei, unserer Erde zu helfen!

Verantwortung lernen!

So heißt ein Projekt mehrerer Stiftungen. Sie helfen Kindern an deutschen Schulen, sich ehrenamtlich für andere Menschen einzusetzen. So hat eine Schulklasse im Rahmen des Projektes „Verantwortung lernen!" die Patenschaft für die jüngeren Flüchtlingskinder in der Unterkunft unweit der Schule übernommen. Zum Spielen und Hausaufgabenmachen besuchen sie in ihrer Freizeit einmal wöchentlich die Einrichtung. Wenn ihr mitmachen wollt, klickt auf *www.verantwortunglernen.de* und ihr erfahrt, wie's geht.

Children for a better world

Das heißt „Kinder für eine bessere Welt". Denn die Kinderhilfsorganisation fördert Projekte im In- und Ausland und will die Lebenssituation von Kindern und Jugendlichen in Not verbessern. Mit der Aktion „Hunger in Deutschland" finanziert der Verein zum Beispiel warme Mittagstische in sozialen Einrichtungen in ganz Deutschland. Eine sehr schöne Idee dabei ist, dass Kinder direkt über die Verteilung des Geldes und der Fördermittel des Vereins mitbestimmen dürfen. In Kinderbeiräten werden sie angehört und ihre Vorschläge aufgenommen. So lernen sie, Verantwortung zu übernehmen. Ihr könnt die Arbeit dieses Vereins mit Spenden unterstützen oder selbst in den Kinderbeirat kommen. Wie das geht, erfahrt ihr unter www.children-for-a-better-world.de.

Sei die Veränderung, die du dir für diese Welt wünschst!

Das hat Mahatma Gandhi gesagt. Der kleine, dünne Mann aus Indien hat in seiner Heimat für Frieden und Gerechtigkeit gekämpft. Er brauchte dafür keine Gewehre und auch kein Geld. Sein Mut und seine Gedanken haben ihn so berühmt gemacht, dass man auch heute noch, mehr als 50 Jahre nach seinem Tod, von ihm spricht. Wenn ihr in seine Fußstapfen treten wollt, gibt es viele Menschen, die euch dabei helfen werden. Klein und vor der eigenen Haustür damit anzufangen ist eine gute Idee!

Wir hoffen, euch mit diesem Buch einige Informationen und Tipps mit auf den Weg gegeben zu haben. Und wir sind ganz sicher, dass ihr noch viele tolle Einfälle habt, was ihr der Welt Gutes tun könnt. Lasst es uns wissen – berichtet uns davon in Briefen. Wir würden uns sehr darüber freuen!

Herzlichen Dank & viel Erfolg wünschen euch

Register